本书由人文在线出版基金资助出版

中国式治水
——农村合作组织与集体行动

王晓莉　著

中央编译出版社
Central Compilation & Translation Press

图书在版编目(CIP)数据

中国式治水：农村合作组织与集体行动/王晓莉著
.—北京：中央编译出版社，2016.7
ISBN 978-7-5117-3035-0

Ⅰ.①中… Ⅱ.①王… Ⅲ.①灌溉管理－研究－中国
Ⅳ.①S274

中国版本图书馆 CIP 数据核字(2016)第 129777 号

中国式治水——农村合作组织与集体行动

出　版　人：	葛海彦	
出版统筹：	董　巍	
责任编辑：	廖晓莹	
责任印制：	尹　珺	
出版发行：	中央编译出版社	
地　　　址：	北京西城区车公庄大街乙 5 号鸿儒大厦 B 座(100044)	
电　　　话：	(010)52612345(总编室)	(010)52612341(编辑室)
	(010)52612316(发行部)	(010)52612317(网络销售)
	(010)52612346(馆配部)	(010)55626985(读者服务部)
传　　　真：	(010)66515838	
经　　　销：	全国新华书店	
印　　　刷：	北京天正元印务有限公司	
开　　　本：	710 毫米×1000 毫米　1/16	
字　　　数：	165 千字	
印　　　张：	9.5	
版　　　次：	2016 年 7 月第 1 版第 1 次印刷	
定　　　价：	30.00 元	

网　　　址：	www.cctphome.com	邮　　箱：	cctp@cctphome.com
新浪微博：	@中央编译出版社	微　　信：	中央编译出版社(ID: cctphome)
淘宝店铺：	中央编译出版社直销店(http://shop108367160.taobao.com)		(010)52612349

本社常年法律顾问：北京嘉润律师事务所律师　李敬伟　问小牛
凡有印装质量问题，本社负责调换，电话：(010)66509618

目　录

第一章　导论

第一节　问题的提出

20世纪80年代开始，国际灌溉研究发现工程技术和建设投入不再是解决灌溉问题的关键，管理不善才是导致灌溉系统陷入困境的重要原因（Svendsen M，Meinzen-Dick RS，1997）。此后，国际上开始推行灌溉管理改革，其核心趋势是，将水资源管理（资源、技术、设施、决策）的权利、义务、责任不同程度地由国家转移给市场化的水管机构或农民自主用水组织，调动用水农民参与制定决策和投资，进而改善管理的激励、问责，提高农业、经济生产力和成本回收（简称"参与式灌溉管理改革"）。韩国、菲律宾、印度尼西亚、印度等国，以及中国台湾的经验建议，由用水农户交付水费来维持水管机构运行的市场化思路，有助于改善水管服务、提升用水绩效（Small and Carruthers，1991）。中国当时也正陷入灌溉设施老化失修、维护不足的困境。20世纪50年代至70年代的计划经济时期，我国灌区形成了专业管理和群众管理相结合的灌溉管理体制，在进入80年代以后，随着以土地家庭承包责任制为主的农村经济体制改革和政社合一的人民公社集体经济组织体制解体，逐步暴露出种种弊端，主要体现在：一是，灌区专管机构体制不顺、机制不活、机构臃肿、工程运行管理与管护经费不足，难以维持正常运转；二是，群管组织管理主体"缺位"，田间工程管护责任不明，维修费用无着落，造成农田水利失修、年农户失灌加剧和水资源浪费。

1989年11月国务院作出了《关于大力开展农田水利基本建设的决定》，这是改革开放以来国家就农田水利建设作出的专项决定，提出劳动积累工制度、逐步建立农村水利发展基金、对农田水利设施实行管理责任制等政策。一方面，市场化的小农水产权改革刺激了个体化灌溉管理的兴起。90年代各地深化改革探寻解决小型农村水利产权不清、责任不明、机制不活等问题的途径和形式。在实践中，积累形成了"承包""租赁""股份合作""拍卖"经营权等多种形式的产权制度改革。一大批经营性较强的灌溉设施，如机井、塘坝等包给了个人。农村小水利遍地开花，行政主导的集体灌溉管理衰弱。另一方面，专管与群管相结合的行政主导的灌溉管理方式陷入困境。水管站接受双重领导，一些地方在收取水费过程中搭车收费和截留水费十分普遍，而工程维护、灌溉服务并无太大改进。2000 年以后，伴随着政府一些职能部门的市场化改革，乡镇基层"七站八所"的撤销、农业税的全面取消，并且取消了"三提五统""两工（积累工、义务工）"和"村民小组长"，村组的集体经济更加薄弱，乡村政权沦为"空心化"，专管与群管相结合的灌溉供给与管理陷入几近瘫痪的困境（见表 1－1）。

表 1－1　新中国成立后我国农田水利供给阶段划分一览表

时间	20 世纪50－70年代	20 世纪80－90年代	2003－2005	2006－2009	2010－至今
阶段	土地集体生产与水利垄断供给阶段	土地分包到户与水利分级管理阶段	税费改革与水利获取性竞争供给阶段	用水户协会大发展阶段	土地流转加剧
主要事实	"大一统"的水利建设、用水供给和管理体制	生产以户为单位，但以村、组为单位集体用水	取消了农田水利维修的费用来源（农业税费）、责任主体（村民小组长）和实施主体（积累工、义务工）	产权界定与转交、灌溉用水市场化、供水单位市场化、农民参与组织化	土地规模使用但有短期行为、群体的流动性增强
灌溉难题	不涉及	大水利有效灌溉面积锐减	组织精英撤出，传统精英削弱，经济精英和专业精英缺乏参与激励，"一事一议"难以推行；"谁受益、谁出钱"盛行，小水利被私分，抽水机、打机井等个体化技术引入	乡村水利日渐脱嵌于基层治理体制；中型水库的市场化（承包卖水、计量放水）与半市场化（包干放水）运行困难、难以对接村组；设施配套不同步、协会无法自负盈亏	经济依赖性下降，利益异质性增强，集体行动与灌溉绩效的相关关系不明

受国际灌溉管理改革的趋势推动，加之国家正在推行基层村民自治民主管理改革，市场化与参与式的改革理念被引入中国，以期解决农村灌溉管理体制的两大难题：一是如何适应农村土地家庭承包责任制，进行斗渠以下田间工程管理体

制改革；二是如何适应整个国家推进市场经济体制改革。90年代以来，"农民用水户协会"（下文简称"协会"）随着世界银行项目①引入中国，用水户参与灌溉管理的基本组织形式为"灌区专业管理机构＋用水户协会＋用水户"的模式。即骨干工程归灌区专管机构管理，支渠或斗渠以下归用水户协会管理。用水户在协会的框架内，民主协商灌水事务，确定清淤维护出工、水费收支等合理分摊，自主管理、良性运行，建立起一种新型的供用水关系。而用水户协会是由其所辖范围内全体用水户通过民主方式组织起来的从事农业用水管理的服务实体，是非营利性的互助合作用水组织。最早引入项目的两湖（湖南、湖北）灌区，经过一年时间的筹备，于1995年12月成立了全国第一个农民用水者协会——长塘支渠农民用水者协会。

此后十年，水利部、原国家计委（现国家发展与改革委员会）、国家农业综合开发办公室等政府部门在多个政策性文件中明确提倡支持以用水户协会等农民用水合作组织为主的用水户参与灌溉管理改革，农水司以及中国灌区协会等多次组织召开用水户参与灌溉管理改革研讨会，在《中国水利报》《中国水利》杂志等媒体宣传推动这一改革。用水户参与灌溉管理在部分省的部分灌区得到了推广，如新疆塔里木河流域灌区、河北石津灌区、陕西关中九大灌区、北京、甘肃以及安徽中荷扶贫项目区等。由国家农业综合开发办公室组织，冀、鲁、豫、皖、苏五省实施的世界银行贷款加强灌溉农业二期项目，引入了"用水户参与灌溉管理"理念，支持组建农民用水者协会。截至2014年底，全国发展农民用户协会8.34万个，管理灌溉面积2.84亿亩，占全国有效灌溉面积29.2%。②

2000年4月国家农业综合开发办公室、水利部联合印发了《关于共同做好

---

① 在1992年长江流域水资源世界银行贷款项目论证中，世界银行专家瑞丁格博士提出改革现有灌区管理体制和运行机制，建立经济自立灌排区的设想。1994年湖南省和湖北省有关部门分别组织人员对开展"经济自立灌排区"改革的可行性进行研究。研究成果表明，建立经济自立灌排区与我国经济体制改革政策相符，与实现灌溉发展良性循环目标一致。1995年4月长江流域水资源世界银行贷款项目协定正式签订。这是我国政府在对外签署的具有法律效力的文本中正式提出的农民用水户参与灌溉管理，建立经济自立灌排区的概念。至2002年，世行通过民主管理灌溉用水来赋权当地农民的项目实践，已涉及了8个省的四大灌溉项目。经济自立灌排区（SIDD）、农民用水者协会（WUAs），以及供水公司（WSCs）等新型灌溉管理组织形式和方式借世行项目得以推广。在世行项目推动下组建起300多个农民用水者协会（见世行网站）。我国以及世界上绝大多数国家在实际运行中，政府财政需对灌区建设和运行维护给予补助。经与世行有关官员协商，2001年以后经济自立灌排区改称为自主管理灌排区（沿用简称SIDD）。

② 水利部《2014年全国水利发展统计公报》。

经济自立灌排区（SIDD）试点工作的通知》，要求加快试点区供水公司及农民用水户协会（WUAs）的机构建设。2002 年新颁布的《中华人民共和国水法》中第二十五条规定了小农水工程"谁投资建设、谁管理和谁受益"的原则。同年 9 月，国务院办公厅批转的《水利工程管理体制改革实施意见》第五条中明确指出"积极培育农民用水合作组织"。2003 年 12 月，水利部颁发了《小型农村水利工程管理体制改革实施意见》，明确要求"以明晰工程所有权为核心，建立用水户协会等多种形式的农村用水合作组织、投资者自主管理与专业化服务组织并存的管理体制"。2005 年 10 月，水利部、国家发改委、民政部联合出台的〔502 号文〕首次明确了农民用水户协会作为农村专业经济组织的地位及其应享受的权利。[1]

从组建时间来看，全国的用水户协会建立大致可以分成四个时期：第一个时期是 1995 年—1999 年，包括湖南、湖北、河北、新疆、北京、陕西、安徽等省市的部分协会，是在世界银行贷款项目区要求建立经济自立灌排区的背景下成立的，数量约占现有协会数量的一半左右；第二个时期是 1999 年—2000 年，在国家实施大型灌区续建配套节水改造项目中，管理办法要求配套进行管理体制改革的背景下成立的，主要是甘肃的大部分协会，另外是在粮食流通体制改革后，国家不允许交售订购粮的同时代收水费，为便于收取水费而组建的协会，如内蒙古、山西的大部分协会；第三个时期是 2000 年—2004 年，已有协会的宣传示范效应；同时国家政策推动下成立，如广东、贵州、吉林、江西、浙江、天津等。第四个时期是 2004 至今年，协会数量猛增但运行不佳，中央财政日渐成为小农水投入主体。2004 年—2008 年的四年间，协会数量从不足 5000 个猛增至 50000 个，增长了 10 倍。2005 年中央财政设立小型农田水利工程设施建设补助专项资金，此后逐年加大投入。2005 年—2010 年累计投入工程总投资达 172 亿元，带动地方投资 170 多亿元。在中央财政的主导下，目前各地小型农田水利投入已经基本形成了以中央财政为主体、各级财政分级负担、各部门共同参与的格局。[2] 2011 年中央一号文件中明确了各级地方政府作为农田水利建设管理的主体责任。

---

[1] 为规范用水户协会组建和运行，首先要解决协会的登记注册。世界银行驻华代表处、水利部、农发办、民政部共同组织专家团进行了深入的调查研究，并在此基础上水利部、国家发改委、民政部于 2005 年 10 月联合出台了〔502 号文〕，明确了农民用水户协会作为农村专业经济组织的地位及其应享受的权利，解决了用水户协会的登记注册问题。〔502 号文〕标志着中国政府充分认识到了农民用水户协会在推动灌区新农村建设，推动灌区经济社会发展的重要意义，从政策上对农民用水户协会的建设和发展做出了充分肯定。

[2] 韩俊：《小型农田水利建设投入机制分析》，2010 年. http://people. chinareform. org. cn/H/hanjun/Article/201108/t20110825_119743. htm.

全国有农田水利建设任务的 2652 个县均编制了县级农田水利建设规划,其中 2389 个经县级人大或人民政府审批。2016 年,国务院办公厅颁发了《关于推进农业水价综合改革的意见》(国办发〔2016〕2 号),计划用 10 年左右时间,建立健全合理反映供水成本、有利于节水和农田水利体制机制创新、与投融资体制相适应的农业水价形成机制。

根据水利部 2012 年的调查,农民用水户协会发起的主体主要包括:外资项目,如世界银行、荷兰、英国、GEF 等资助方,国家政策引导和灌区专业管理机构扶持,以及农业综合开发系统及地方政府的推动。参与式灌溉管理的形式,除了协会,还有斗渠委员会、渠长负责制、供水公司、股份合作、供水服务站等。组建边界形式,按水文边界组建的协会占 58%,以行政村(个别是村民组)为单位组建的占 41.57%,以乡镇为单位组建的协会主要分布在新疆、内蒙古和天津、北京的部分地区,数量不多。河北涉县机井协会和新疆的部分协会以县为单元组建,数量很少。从全国看,大部分协会可以独立地管理一条斗渠,管理支渠的不多。以村为单元组建的协会负责人大部分由村委会干部兼任。目前综合水利部、国务院发展研究中心及世行等国际机构的第三方评估等,普遍指出:中国多数协会组建及运行不规范;农民自愿民主协商、自主决策的原则体现得不够充分;协会经费普遍不足,有的运转不畅或处于半瘫痪状态。但目前,许多改革措施和效果经验总结多停留在就事论事的层面上,缺乏科学系统的改革成效评价方法与体系。

第二节 关键评估指标

90 年代以后,管理维度才开始纳入灌溉绩效的评估体系。Small 和 Svendsen 首次提出了"灌溉管理系统"的概念,分为结构性和非结构性系统边界:前者以灌溉水源或灌溉设施为边界,还可以进一步划分为设计边界、服务边界、净灌溉边界(有季节性);后者主要指一个灌溉系统的政治、经济边界(农业和社会经济)。灌溉管理评估或绩效评估是一种工具,通过系统性的观察、记录和诠释,为不同管理层面提供反馈,以提升灌溉资源的高效和有效利用。研究方法演进,大致划分为两个阶段。首先始于 90 年代,研究者们尝试基于灌溉系统构建一套普适的评估指标,从时、空维度去衡量跨区域的、不同管理模式的横向比较,以及某灌溉系统在不同管理阶段的纵向比较。1990 年,Molden 和 Gates 首次在灌溉绩效评估中增加了管理维度,提出了管理要素对灌溉效率、充足性、独立性和公平性四类绩效的影响(相对于结构性要素),从时空维度去衡量灌溉用水的需求量、配给量、可供量及实际供给量。1992 年，E. Ostrom 提出基于"供给维度"和"占有维度"以及二者之间的交互项进行管理绩效评估。R. Meinzen-Dick 重点关注灌溉"及时性"这一指标，这对于复杂农业灌溉系统更有解释力。为了进行国家、地区以及模式间的横向比较和某特定系统的纵向比较，Molden 等人提炼出九个外部指标，分别衡量农业、用水、环境和财务绩效。Vermillion D. L. 基于 18 个灌溉管理改革国家的研究成果，提炼出五个维度的评估指标（IWMI 评估框架），重点用于管理改革研究，包括财务绩效、运行维护绩效、农业生产率、经济影响、环境影响五个维度。

2000 年以来，研究者们着力构建有差异的、针对性强的绩效评估指标，并纷纷将其应用到各自的实证研究中。研究者开始关注，不同利益主体、不同地区、不同评估目的等因素对绩效研究的影响。2005 年，Burton 和 Mutawa 提出不同地区应采用不同的绩效指标，强调"实现最大化农业产出、确保用水公平和水分配的最大效率"三大标准。不同利益主体对"何谓好的灌溉系统"有不同标准。评估指标可分为过程、产出和影响三类，评估界面可分为工程（灌溉系统）、项目（渠系）、协会、体制等四类，并从配置（allocation）和调度（distribution）两个维度细化了评估指标。同年，Gorantiwar S. D. 等学者指出，不同的灌溉分配方案应采取不同的绩效指标，如作物种植、用水分配、灌溉频率和灌溉程度。M. G. Bos 等人将管理绩效分为三类：产出绩效、过程绩效和影响绩效。一类根据产出指标，即衡量系统的投入（水、设施、劳动力、资金、规则）和产出比，不但关注产出的数量（中间产出和最终产出），也强调产出的质量，如渠系利用率、生产率（单位水、单一作物）、水资源的配置和调度在时空维度的公平性和充足性、可靠性、可持续性等；第二类过程指标，着重强调农民参与、沟通模式、系统对环境变化的回应（如调整种植结构、用水计划）等；第三类影响指标，重点评估一个灌溉管理模式或体制变革所带来的中长期影响，如公平性、减贫、妇女参与等衡量指标。综合既有研究及中国经验，本研究采纳 M. G. Bos 等人的三类划分标准，将管理绩效界定为：侧重一系列灌溉管理投入活动，向产出的转化效率（资源利用、作物生产），以及管理活动所产生的影响（农民收入、用水的公平性、设施维护、水费收缴、协会管理、妇女参与）。

（一）产出绩效的评估。既有实证研究，多采用单一的工程性绩效指标。基于 Molden 和 Gates 提出的指标体系，检验管理要素对灌溉效率、充足性、独立性和公平性的影响。广为采用的指标有两个，一个是衡量充足性的"相对用水供给率"，适用于横向绩效比较。第二个是衡量生产率的"单位面积土地（总面积和作物面积）/单位水的生产率（供给量和消耗量）"，产出以产值计（包含价格因素），适用于纵向绩效比较。国际灌溉管理改革的实证研究结论不一：一类指出产出绩效得到了提升，主要归功于转权改革。土耳其采用转权前后 20 年的数据，发现单位灌溉面积产出提升了近一倍，单位水耗产出提升了 0.1 美元/立方米。另一类研究则争议，引入农民用水户协会对灌溉产出绩效的提升效果不明显。如，吉尔吉斯斯坦的研究指出协会并未改善灌溉用水的可靠性。本研究的小样本 QCA 定性比较分析将采纳"用水充足性是否持续提升"作为产出绩效的评估指标（见第四章）。

（二）过程绩效的评估。侧重关注灌溉管理单位的放水能力、政府和用水农户的灌溉支出。既有研究所采用的过程指标包括：作物种植密度、灌区放水/田间输水绩效、灌溉面积/可持续性（渠系利用率）、灌溉强度、单位面积灌溉成本等。研究所采用的绩效指标各异，研究结论不一：一类研究指出，过程绩效并未因转权改革而得到提高。如斯里兰卡的研究指出农民灌溉支出虽未增加，但却加大了用于渠系维护的劳力投入。我国的横向对比研究也指出，与传统管理和私人管理相比，协会管理方式的维护成本更高。菲律宾的一项纵向研究将其归因于量水设施、灌溉管理培训以及农技推广服务的缺乏。另一类则指出过程绩效得到了改善。如墨西哥的研究指出协会降低了用水成本，这主要得益于灌溉交易成本的降低。本研究采用"农户的灌溉成本是否节约"作为衡量协会绩效的过程指标。

（三）影响绩效研究。关注减贫和贫富差距、水费收缴率、灌溉工程的运行和维护、协会的财务状况等方面。从政府角度进行的评估，更关注运行维护的可持续性（"单位面积运行维护成本""农民对放水、冲突及解决的需求回应率"）、协会财务的独立性（"水费收缴率""机构财务的可持续性"）以及灌溉节水效果；农户角度，更关心管理对农业收入（"单位灌溉面积净收益"）和对弱势群体的影响绩效（"放水公平性指标"）。当前关于影响绩效的研究聚焦在"公平性"指标，既有横向比较，也有纵向研究：吉尔吉斯斯坦的横向对比研究指出"用水公平性"在协会之间差异较大。参与程度（Bastakoti R.，Shivakoti G. P.，2012）与问责机制（Pasaribu S. M.，Routray J. K.，2005）是影响协会间绩效差异的重要因素。纵向对比研究，分析了影响绩效得到改善的原因。日本和菲律宾的研究强调了"公平性"研究的重要性，转权后穷人和富人的水稻产量提高的差异为 5%（Shyamsundar P.，2007），而且影响到灌溉系统的可持续维护（Tanaka Y.，Sato Y.，2005）。还有一类研究，侧重从政府的视角关注节水效果，采用"单位面积作物用水量"这一指标，指出改革节水效果不明显，主要源于"农民节水意识不足"(Van Halsema G E,Keddi Lencha B,Assefa M,et al,2011)等。鉴于国内协会多运转不畅或处于半瘫痪状态的经验,本研究采取"协会是否可持续运转"作为衡量协会绩效的影响指标。

国内学者在实证研究方面,从协会对灌溉的产出、过程和影响三个方面来看:一是产出方面,多数研究结论是积极的,少数也指出协会并未改善灌溉用水的可靠性。研究多采用单一的工程性绩效指标,检验协会管理对灌溉效率、充足性、独立性和公平性的影响。国内普遍采用的是"单位面积作物产量"(当地主要粮食作物水稻),包括湖北漳河和东风灌区(刘静等,2008)、淮河流域(孟德锋等,2011)、湖南铁山灌区(高雷、张陆彪,2008)的研究。二是过程绩效方面,侧重关注灌溉管理单位的放水能力、政府和用水农户的灌溉支出。研究采用的绩效指标各异、结论不一。一项研究(Huang et al,2010)通过比较放水次数、取消或延迟放水次数这一过程指标,指出农民自主的协会管理要优于传统政府管理和私人管理方式。三是影响研究,关注减贫和贫富差距、水费收缴率、灌溉工程的运行和维护、协会的财务状况等。国内研究侧重从政府的视角关注协会对节水和减贫的效果。采用"单位面积作物用水量"这一指标,一项实证研究指出改革的节水效果不明显,归因于"改革忽略了对农民节水的经济激励"(王金霞等,2004)。另有在淮河流域、湖南铁山灌区以及内蒙古河套灌区的研究指出,协会促进农民增收的效果并不显著(李玤,2008)。

综合当前国内研究,大多数研究仍围绕"农民用水户协会"的具体做法、所取得的经验、存在的不足等,以定性研究为主。上述少量的定量研究所采取的指标不一、结论差异显著,且对影响协会发挥的根本原因分析不足。一项黄河流域的研究(成诚、王金霞,2010),采用灌溉改革中农民的参与度(参与改革决策、管理者选择、日常会议)进行解释,指出改革初期主要动力是自上而下的政策干预,随着时间推进,当地资源、社会经济特征开始发挥一定作用。但仅从单一变量(如参与度)进行解释,研究界面与指标之间缺乏内在一致性,研究结论不具说服力。更为关键的是,缺乏一个支撑分析的理论框架。作为公共池塘资源(Common Pool Resources,以下简称CPRs)治理领域的集大成者,获得诺贝尔经济学奖的奥斯特罗姆(Elnior Ostrom)[①] 于2007年提出了一个系统性的分析

[①] 埃莉诺·奥斯特罗姆因她在公共事务的自主治理方面有杰出的学术贡献,于2009年获得了诺贝尔经济学奖。其学术贡献主要体现在她的著作《公共事务的治理之道》(2000)。她将制度分析与经验研究相结合,她给出了政府与市场之外的自主治理方案,以解决公共池塘资源的集体行动问题:新制度的供给问题、可信承诺问题及相互监督问题。

框架——社会生态系统理论框架（social-ecological systems 即 SESs，简称 SESs框架），被国际学界广泛采纳应用在灌溉系统、渔业系统等研究中（Xavier Basurto，Stefan Gelcich，Elinor Ostrom，2013）。该框架的诞生，也是基于包括灌溉管理改革在内的 CPRs 的研究成果，研究者们从各地实践中逐渐意识到改革的成功不仅取决于资源系统，还与治理系统、使用者等其他系统特征和安排相关（Ruth Meinzen-Dick，2007）。本研究旨在将 SESs 框架引入中国的灌溉系统研究中，界定本土化的变量列表，并应用到不同类型的灌溉管理系统中进行比较分析，旨在回答中国农民用水户协会水土不服的重要原因，以及协会得以成功运行的关键变量。

第三节　研究框架与内容

尽管大部分研究都认为市场化与用水户参与的管理改革提升了灌溉绩效，但国内外都有研究指出变革在一些国家和地区推行中不尽如人意，主要原因有：缺乏制度环境、缺少工程配套以及协会发育不善。国内研究多围绕"参与式灌溉管理改革"和"农民用水户协会"的具体做法、所取得的经验、存在的不足等，关键变量的选取和数据收集具有随意性和单一性。国内也有研究利用集体行动学派的理论，但多聚焦于解释农村公共产品的供给困境或论述农民参与问题，缺乏针对不同灌溉管理模式中集体行动的微观研究。

第二章主要介绍社会生态系统理论框架，并构建中国本土化的变量列表。本研究采用奥斯特罗姆的 SESs 社会生态系统理论框架，提取适合我国不同灌溉管理模式中影响集体行动的关键变量，构建中国本土化的变量列表。针对不同的管理模式，研究分别从资源系统、资源单位、治理系统和使用者四个维度，识别出集体行动的关键变量，并采用基于 SESs 互动——产出框架的社会经济、生态及运行管理等三类产出指标和影响指标，进行管理绩效评估。

第三章围绕第一个研究问题，即，随着 90 年代以来中国集体灌溉管理的变迁，回答农民用水户协会引入中国后水土不服的原因机制。随着中国的社会经济体制改革和灌溉管理改革，传统的"专管＋群管"方式分化出不同的走向，一类从集体灌溉走向个体灌溉；一类维持了行政主导的"专管＋群管"方式；还有一类通过引入农民用水户协会，以期实现灌溉系统的自主治理。研究将 SESs 框架引入分析中国的灌溉管理（改革）实践的成败，通过三个典型案例的比较分析，识别出不同类型的灌溉管理系统中关键变量的异同，并分析变量指标与变量组合的差异所带来的不同结果，集中在子系统内部单变量分析、子系统内不同变量组合分析、四个子系统互动分析、系统与外部背景变量互动分析四个维度。研究旨在对当前中国农村三种类型的集体灌溉管理方式做出诊断性分析，同时为第四章的定性比较分析提供基于案例比较的假设，并提供用于分析的关键变量。

第四章围绕第二个研究问题，即，当前全国已建立了8万多个农民用水户协会，回答影响我国农民用水户协会运行成败的关键变量。协会在各地实践中的绩效各异，有的流于形式，有的难以为继，有的协会则不但改善了灌溉管理绩效且能保持可持续的自立运转。研究采用定性比较分析方法（QCA），从湖北、湖南、河北、河南、北京、新疆、内蒙古、甘肃、宁夏、江苏、安徽、江西、福建云南、四川等各大灌区筛选出30个有代表性的用水户协会案例，分别从产出、过程、影响三个层面全面评估灌溉管理改革的绩效，进而识别出使协会行之有效的关键变量，为农村集体灌溉管理新模式提供对策性分析和建议。

第五章基于前面两章的案例研究，建构中国集体灌溉管理新模式的解释理论，分别在系统与外部背景变量、四个子系统之间、子系统内部变量及单个变量等四个维度进行诠释与理论解释框架建构。

第六章提出促进当前中国农村集体灌溉管理绩效的思考和建议。由于各种社会政治经济现实和改革进程的不成熟，协会运行绩效喜忧参半，但是按照理论设计，符合变量及其组合要求的完善的农民用水户协会为代表的农民用水合作组织终究会是符合我国农村灌溉管理改革和高效可持续运行之选择。

第四节　研究方法与数据

案头研究与理论梳理。基于前期研究成果，结合国际上前沿的公共池塘资源与集体行动研究文献，进行系统的梳理和总结，把握国际上理论和实证研究的最新动向，为本书研究开展奠定基础。

集体行动关键变量开发。基于SESs社会生态系统理论框架，提取适合我国农村水利管理模式中集体行动研究的影响因素变量列表和绩效评估指标体系，实现变量列表和评估指标的本土化。研究和设计变量的数据获取和衡量方法，为实证研究提供框架和方法依据。

案例研究。对不同类型管理模式的典型系统，开展深入的个案调研，形成对特定集体行动模式更为细致的经验认识，为有关集体行动模式的提炼提供现实基础，并作为定性比较分析的参考依据。

定性比较分析。针对用水户协会影响变量的研究，样本量的限制以及影响因素的复杂性意味着统计建模和统计推断难以提供有效的分析结论。与之相对，定性比较分析（qualitative comparative analysis，简称 QCA）（Ragin，1987，2009）能够有效、系统地处理多案例比较研究数据。它是一种以案例研究为取向的研究方法，可以帮助研究者进行理论与经验的对话，并能系统地分析中小样本的数据，目前已被用于灌溉管理系统的分析（Ostrom，2013）。目前的软件包括 fsQCA（2.0）、Tosmana、基于 Stata 的命令 fuzzy，以及基于 R 语言的程序包 QCA 和 ASRR 等。本研究利用样本数据库，综合运用 fsQCA 和 Tosmana，分析明确集 QCA 数据以及多值条件的 QCA 分析。以所识别的关键变量组合作为分析的起点，对条件组合进行简化，揭示运行成功的用水户协会中影响集体行动的关键变量组合。

理论和政策成果提炼。提炼适用于我国农村集体灌溉管理研究的案例支撑和理论支撑，同时还为我国农村水利管理实践提供综合诊断和有针对性的政策建议。详见图 1—1。

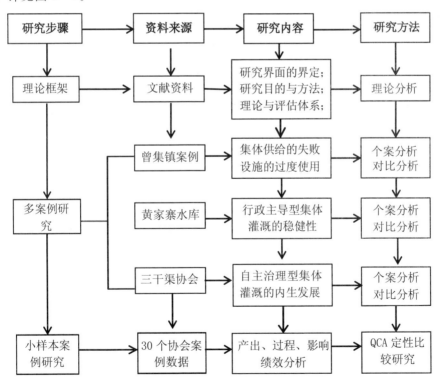

图 1—1 研究技术路线图

第五节　研究创新与不足

本项研究属于应用基础研究，其主要创新之处体现在以下三个方面：一是，有助于推动国内对灌溉系统中集体行动模式研究的了解、应用和创新。引入埃莉诺·奥斯特罗姆开创的 IAD 制度分析框架和 SESs 社会生态系统理论框架，提炼出适用于中国农村水利系统中集体行动研究的关键变量，并通过实证研究归纳出不同的集体行动模式。有助于促进西方理论的本土化，进而可能产生符合中国农村灌溉实际的、有中国特色的灌溉管理理论和实践。二是，有助于开发具有操作性的集体行动模式评估方法，可以对特定灌溉管理模式提供有针对性的管理绩效诊断，进而从集体行动有效性的视角提出有针对性的解决方案。我国作为拥有世界最大灌溉系统的国家，本研究在直接推动国内灌溉系统管理研究的同时，对于其他公共池塘资源管理、甚至更大范围的公共治理问题研究，具有研究方法和理论参考方面的潜在价值。三是，有助于指导我国当前的灌溉管理改革实践。随着我国的参与式灌溉管理改革的推进和国家对农田水利建设投入力度的加大，涌现出的大量理论和政策问题，已经吸引了国内部分社会科学学者和决策者的关注，开展了一些研究，但还不能适应实践发展的需求。本研究拟将国内的改革实践，与国外的前沿理论有机结合，识别出不同管理模式中影响集体行动的关键变量，归纳出不同的管理模式以及相应的管理绩效评估体系，发展切实适用的农村水利管理的管理理论、政策和方案，用于指导我国的农田水利管理实践。

本研究不足之处主要在于样本案例的获取与信息时效性受限。受制于有限的时间与资源，相较于 SESs 变量列表中的 33 个二级变量，研究采用的 30 个样本案例仅能够支撑 5 个关键变量的定性比较分析。另外，每个协会案例仅提供了协会成立前后的对比数据，缺乏长期运行的后期评估。对于协会可持续运转的绩效评估而言，长远来看，本研究的一些结论仍具有一定的不确定性。

第二章　社会生态系统理论框架（SESs）

第一节　集体行动研究的理论基础与演进

一、搭便车困境与理性选择理论

在公共资源研究领域，奥尔森的"理性选择模型"是针对集体行动困境最早提出的解释框架。该理论的前提假设是狭义"经济人"的个体理性与集体最优化之间存在冲突，即"搭便车困境"（free-rider problem），"当群体成员数量增加时，每个个体在获取公共物品后能从中取得的好处将会减少"（Olson，1965）。在他的理论框架中，物品属性采用公、私二分法，基于一次性悖论博弈，利用微分方程、成本—收益原则来分析一个集团中公共物品提供量的多寡。研究的关注点是"集团规模"对集体行动困境的影响，假设惟有二级解答方可解决合作问题，提出了三种选择性激励（selective incentives）的手段，包括针对集团规模和集团行为的"小组织原理""组织结构原理"和"不平等原理"（赵鼎新，2012：158）。奥尔森的理性选择模型，主要围绕集团属性和集团规模这样一组关键变量展开，认为集体行为在大集团和小集团中有质的不同：集团规模是决定个体理性是否会导致有利于集体行为的决定性因素，小集团能更好地增进其共同利益。作为对"理性选择模型"的发展和补充，麦卡锡（McCarthy，1977）在对社会运动的研究中，从资源动员的视角强调了集团类型与可利用资源的互动，提出了"内在选择性激励"的概念，作为防止搭便车困境的机制。费尔曼和甘姆森（Fireman and Gamson，1979）进一步对外在和内在两类选择性激励做出了界定，组织的规模、结构和权力分配属于"外在选择性激励"，人们内在的团结感和忠诚感等属于"内在选择性激励"。然而，上述研究仍局限在"理性选择模型"的解释框架内，对其进行发展和补充，并没有对集体行动概念有所突破。

二、囚徒困境与关键群体理论

仍致力于在理性选择框架内研究集体行动，哈丁（Hardin，1982）的博弈论模型开创性地引入博弈论重建奥尔森的"搭便车困境",将集体行动困境构建为基于多次博弈(有限重复性)的"囚徒困境"(prison dilemma)。在模型中加入各种社会结构变量,研究各种假设条件下人的行为的改变,即"限制性理性",包括正式的社会性约束,如法律;也包括非正规的约束,如传统习俗、声望等概念工具。哈丁推动了形式模型在集体行动研究中的发展,即作为一种用于解释人类行为的制约因素的基础性、一般性数理理论,也启发了学者对社会运动进行动态、深入的研究。阿克塞罗德(Axelrod,1986)对重复性"囚徒困境"博弈展开计算机模拟,通过比较提供给参与者的连续性策略,发展出了著名的阿克塞罗德模式:当博弈次数很大时,"一报还一报"或"以牙还牙"的策略是一个最优策略。换句话说,相互信任、沟通、利他主义和友谊等"内在选择性激励"对于克服搭便车并不是先决条件或自变量,反而是其结果。但是,该模型只能解释小规模合作行为形成的可能性,如果参加博弈的人数大幅增加,人与人之间进行直接监督的可能性就变得很小,互相合作的可能性也就不大。即,博弈的所有参与者中的积极合作者的数量是一个关键变量(Hardin,1982)。

奥立弗和马威尔(Oliver and Marwell,1985)的"关键群体理论"(critical mass),提出了用以解释集体行动困境的另外一种情景:当越过某个临界点之后,集团提供公共物品的生产成本不变或降低,而边际回报或利润没有减少或反而增加,从而产生潜在贡献者之间的战略博弈和竞争。那么,当集体行动参与者的人数增加或集团的异质性越强,合作的可能性相反会随着群体规模变大而增加。基于形式模型和数理推理,两位学者进一步丰富了"关键群体理论"的内涵,区分了在异质性程度不同的集团内部,模拟个体决策模型的关键变量,增加了资源变量和利益变量对个体间达成合作的相关性分析。"选择性激励"仍是其研究的核心解决思路:随着集团内资源或利益的异质性增强,组织成本的限制性约束将下降,集体行动的达成将更多依赖于动员的关键性群体,而非动员的群体数量。Oliver and Marwell(1988)的理论突破是,将对公共权益性质的讨论引入集体行动研究之中,基于"生产成本"(costs)和"启动成本"(start-upcosts)提出了"临界点机制"和"关键群体"的概念。

三、意识形态与社会资本理论

1980 年,社会学家布迪厄首次提出"社会资本"(socialcapital)概念,经济学家科尔曼(Coleman,1988)作为理性选择理论的早期支持者,开始努力结合社会学和经济学。他认为社会资本是解决集体行动问题的重要资源,并在《社会理论的基础》一书中论述了社会资本的形式、特征以及社会资本的创造、保持和消亡的过程。科尔曼的工作奠定了"社会资本理论"的分析框架，其研究核心是对规范的要求以及通过有效的赏罚手段实现这些要求。1993 年，帕特南（2001）将"社会资本"引入民主治理的分析范畴，新制度主义方法解释现代意大利南北政府绩效差异。他分析了社会资本的三个重要概念——信任、互惠规范、网络及其相互之间的关系，指出社会信任是社会资本的最关键因素，互惠规范和公民参与网络产生社会信任。在帕特南的《使民主运转起来》中，制度只意味着决策程序和资源配置中运作的规则以及公共管理机构，作为解释框架中的中间变量起被动作用。帕特南对"社会资本"过于神秘和静态的理解，受到后来学者的指责。相比之下，科尔曼对社会资本的功能性的、动态的理解，引起奥斯特罗姆、青木昌彦等学者的关注。

作为集体行动研究中"理性选择模型"之外的"非理性选择模型"，首次由经济学家诺斯进行了归纳，他将新古典经济学的"理性人"假设置换成了"复杂人"假设，提出了"意识形态"的概念，即个人、社会关于世界的一套信念。在诺斯的制度创新理论中，提出了"思维形态改变最大化行为的假设"。诺斯（1994）侧重对意识形态的经济功能进行分析：节约交易成本、为现行制度的合理性提供解释，也作为对克服集体行动困境的主要手段。按照诺斯的分析路径，国家必须建立一种有效的意识形态，进而有效地解决"搭便车"问题。然而，诺斯并不是最早挑战"理性选择模型"的理论逻辑起点和实证缺陷的学者，"关键群体理论"早已注意到公共物品的产权性质，但并未区分出交易成本。另外，诺斯的政治经济学，进一步细化了哈丁提出的正式的社会性约束和非正规的约束，并将意识形态的概念归入了制度范畴。在这方面，奥斯特罗姆（1995）的研究更进了一步，把制度、社会资本和经济增长联系起来，从而把集体行动水平上的制度分析扩展到经济制度分析层面。

四、自主治理与新制度主义理论

与帕特南相比，奥斯特罗姆对制度概念进行了更加精确地定义，深入到了"社会资本"与制度之间的内部关系。基于科尔曼对制度的理解，奥斯特罗姆把制度进一步界定为一套配置收益、分配报酬的规则，将制度化规则理解为社会资本的一种形式。奥斯特罗姆并未采纳诺斯的"非理性选择"，而是通过实证研究，建构了第二代"理性选择模型"，互惠、声望、信任等"社会资本"要素作为克服合作困境的关键变量，共同影响了人们合作的水平以及净收益（Ostrom，

1998）。她研究的核心问题是如何管理自治性的集体行动："一群相互依赖的委托人如何才能把自己组织起来，进行自主治理，从而能够在所有人都面对搭便车、规避责任或其他机会主义行为诱惑的情况下，取得持久的共同收益。必须同时解决的问题是如何对变量加以组合，以便（1）增加自主组织的初始可能性，（2）增强人们不断进行自主组织的能力，或（3）增强在没有某种外部协助的情况下通过自主组织解决公共池塘资源问题的能力（Ostrom，2000：51）。"

将制度分析与经验研究相结合，她给出了政府与市场之外的自主治理方案，以解决公共资源管理的集体行动问题，包括新制度的供给问题、可信承诺问题及相互监督问题。从研究的方法论来看，奥斯特罗姆是从理性选择理论出发，将博弈理论模型应用到经验研究中，揭示公共资源系统中集体行动达成的关键变量及组合。在奥斯特罗姆的新制度主义分析框架中，规则是解决个体克服集体行动困境的核心变量，是参与者自觉、共同、通过博弈创造的激励手段。然而，许多潜在的其他变量会导致在规则博弈选择的参与者之间形成非对称性。奥斯特罗姆（Ostrom and Gardner，1993）对不同行动情境下的"非对称性动机"进行理性选择分析，从而揭示新规则的产生、人们支持或不支持改变现行规则等自主治理的机理。

20世纪六七十年代及80年代早期的形式模型研究，"公地悲剧""搭便车困境""囚徒困境"模型，都在强调资源系统的大小、流动性、复杂性使得它很难将部分个体对资源的使用排除在外。90年代之后，基于理性选择理论的经验研究则是强调规则、权利与责任的系统，它统治着集团成员与公共资源（物品或服务）之间的关系。新制度主义学派用"过去或历史"来识别出能增加或减弱个体解决公地困境能力的关键变量，从而建构有关集体行动更好的理论。研究的因变量是个体决策制定和理性选择模式，自变量包括来自结构的、集团属性、资源属性和生态压力的变量。他们的研究有三个核心前提：一是社会产出可以被量化计算；二是个体是受规则所统治的；三是奥斯特罗姆的研究对公共资源和公共产权进行再定义，与哈丁的"公共资源的自由获取"做出区分，与囚徒困境的"无信息交流、个体决策不受他人影响"做出区分，与奥尔森的"集团规模与数量"做出区分。从方法论上，可理解为基于经济学假设的个体对结构性激励的理性回应（Goldman，1998）。

进入21世纪后，奥斯特罗姆团队又提出了基于自主治理的多中心治理思想，产生维持个体之间的集体行动平衡。其主要的理论贡献在于：第一，不断挑战前人的研究假设，并提出能够接受经验研究的新假设：包括对集体行动困境的建构，从"搭便车困境""囚徒困境"到"公共池塘资源"；对解释框架的更新，从"理性选择模型""非理性选择模型"到二代"理性选择模型"；对结构变量的不断补充与实证检验，从"生物物理条件""社区属性""使用的规则"三个维度的变量发展到"资源系统""资源单位""治理系统"与"使用者"四个维度的二、三层次变量。第二，不断发展概括化的概念体系，围绕"什么因素使行动者在规范创建上产生利益""什么条件下行动者将广泛的权利让度给群体规范""行动者所创建的剥夺性规范与列举性规范的内容的量"以及"前三个条件如何共同提高了合作程度"，发展出了"制度选择分析框架""制度分析和发展框架""社会生态系统理论框架"等概念框架。

第二节　社会生态系统理论框架（SESs）与关键变量

奥斯特罗姆分析了分布在世界各地的三方面的案例。

第一类是成功的案例（Ostrom，1992），特色是资源系统以及使用者所设计并实施的一套规则已经持续存在了很长时间，涉及瑞士和日本的山地牧场、森林等公共池塘资源，以及西班牙和菲律宾群岛的灌溉系统。总结成功的池塘资源管理系统中那些共性的经验，共八条设计原则：1）清晰界定边界（clearly defined boudaries）；2）占用和供应规则与当地条件保持一致（proportional equivalence between benefits and costs）；3）集体选择的安排（collective-choice arrangements）；4）监督使用者和资源（monitoring）；5）分级制裁（graduated sanctions）；6）冲突解决机制（conflict resolution mechanisms）；7）对组织权的最低限度的认可（minimal recognition of rights or organize）；8）嵌套式企业（nested enterprises）。

第二类案例主要涉及制度供给与制度变迁问题。对此，需要回答许多问题，如："有多少参与者？""群体的内部结构如何？""创新行动的成本由谁来支付？""参与者拥有何种类型的有关他们境况的信息？""各种参与者面临着怎样的危机和风险？""参与者在制定规则时涉及到何等广泛的制度背景？"关于制度安排行为的大量案例研究文献中，很少得到回答（Ostrom，2000：162）。为此，奥斯特罗姆考察了美国大洛杉矶地区南部一系列地下水流域的制度起源。通过这些案例，她看到了地下水资源管理的制度变迁过程，提出"多中心公共企业博弈"的格局。

第三类是失败的治理案例，即缺乏有效的制度安排或者所提供的制度安排难以持续从而导致公共池塘资源退化。如土耳其近海渔场、加利福尼亚的部分地下水流域、斯里兰卡渔场、斯里兰卡水利开发工程和新斯科舍近海渔场制度失败的具体情况。对于失败案例的总结，奥斯特罗姆继续采用她的八条设计原则，结论是这些失败的公共池塘资源治理案例没有一个符合三条以上的设计原则。

接着，奥斯特罗姆开始探讨制度选择分析框架（见图2-1）。运用制度的收益－成本比较，计算制度纯粹的收益总和是不可能的，这就要确定影响收益评价的环境变量，有关收益、成本、共有规范和机会的数据都是总和变量。其中内部变量分为四个：预期收益、预期成本、内在规范和贴现率。继而，归纳了九条影响预期收益的环境变量，七条影响预期成本的环境变量。除了上述环境变量影响制度的收益和成本评价之外，共有规范以及其他机会评估也通过影响当事人的贴现率从而影响制度的收益和成本。此外，她还进一步分析了不同类型政治制度中自主治理公共池塘资源制度的供给问题。一种是不受外在政治制度影响的偏远地区；一种是政治统治制度为导向的非偏远地区；还有一种是政治制度不允许存在实质性地方自治。

继制度选择分析框架的探讨后，奥斯特罗姆和她的团队又将研究的关注扩展到分析人类行动情景的多样性，并进一步发展了多中心治理思想以及"制度分析和发展框架"概念图谱（Institutional Analysis and Development，即IAD framework）（2005）。她致力于将政治学、经济学、人类学、法学、社会学、心理学、历史学、哲学以及工程师的独立研究纳入该分析框架，但如何整合不同学科所使用的不同变量就是首要的难题。在她的制度分析框架中（见图2-2），互动包括市场、私人企业、家庭、社区组织、立法组织、政府部门等。外部变量包括：一、生物物理条件可被简化为四类物品属性（见表2-1）；二、社区属性有互动前的历史、内部关键属性的同质性或异质性、传统知识、社会资本（参与者或受影响者）；三、使用的规则是指相关行动主体的共识，即面对制裁或鼓励时，谁必须采取、不能采取、可能采取的对他人带来影响的行动。可以是多元情境中的一次行动情境，也可以指集体选择中个体有意识地改变规则。外部变量对行动情境的影响，衍生出互动模式和结果，并由参与者进行评估，提供反馈给外部变量和行动情境。行动情境的内部运作，则与分析博弈理论所用的变量一致。

2007年，奥斯特罗姆又提出了用于分析社会生态系统（social-ecological systems，即SESs）的理论框架（见图2-3）。SESs框架提供了一套分类系统（语言），力图将纷繁复杂的变量指标纳入一个系统性的分析框架。它包含四个子系统中的自变量：1）资源系统（如渔业、湖泊、牧场）；2）由资源系统所衍生的资源单位（如鱼、水、饲料）；3）资源的使用者；4）治理系统。它们共同影响着系统中的互动以及互动带来的结果，并间接受结果所影响，当然是在特定的时空背景下，包括特定的社会经济、政治背景与生态系统。利用此分析框架，让研究者试着回答以下三个问题：一是，关于互动的模式和结果，如过度使用、冲突、失败、可持续、增加回报等。主要自变量包括，一套治理的规则、权属、资源系统的使用以及特定技术、社会经济政治环境下的特定资源单位。二是，关于可能的内生性发展，主要自变量有不同的治理安排、使用模式、有无外界金融诱因及强加规则条件下的结果。三是，关于面对内部或外部干扰时的可持续或稳健性的程度。自变量是由使用者、资源系统、资源单位、治理系统所组合而成的不同配置。

应用 SESs 框架，具体的分析路径是：首先，识别或定义概念变量；其次，将其置于特定时空背景下；最后，分析或诊断该系统可持续或稳健与否的原因。变量的界定与识别基于理论框架与情景化建构的支撑。基于奥斯特罗姆的 CPRs 研究团队 30 年的实证研究成果，她又列出了第二层面上的概念变量：9 个资源系统变量、8 个治理系统变量、7 个资源单位变量、9 个使用者变量、9 个互动变量及 3 个结果变量（Ostrom，2011）。基于第二层面的概念变量，关注不同领域的学者又进一步识别并定义第三、第四层面的概念变量，包括对治理相关问题的研究（Blanco，2011；Fleischman et al.，2010；Basurto X. et al.，2013）。本研究参照的是（奥斯特罗姆，2012）的更新列表（见表 2－2），第二层面上的变量数目不变，但用行动者子系统（A）取代了使用者子系统（U），行动者的概念更具包容性，包含除直接使用者之外的其他相关行动者。此外，在试图对复杂多变的世界进行研究和理论模型建构时，互动的影响往往发生在不同层面上的概念变量之间，因此选择与特定问题最相关的互动层次时，还应检验变量间的水平和垂直关系。

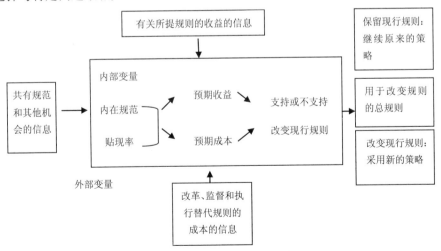

图 2－1　影响制度选择的变量总览

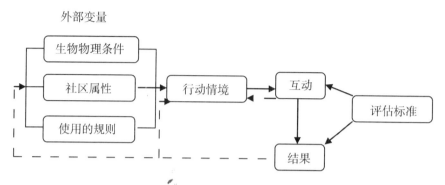

图 2-2 IAD 制度分析框架

（来源：E. Ostrom，2005：15）

社会、经济、政治背景 (S)

资源系统 (RS)　　　　　　　　　　　　　治理系统 (GS)

作为条件　　　　行动情境　　　作为条件

作为一部分　　　互动 (I) ——→ 结果 (O)

作为投入　　　　　　　　　　参与投入

资源单位 (RU)　　　　　　　　　　　　行动者 (A)

——→ 直接因果联系　　　相关的生态系统 (ECO)　　　反馈 ------→

图 2-3 SESs 社会生态系统理论框架修正版

（来源：McGinnis and Ostrom, 2013）

表 2－1　物品属性的分类

资源使用的竞争性			
		高	低
排除潜在受益者的困难程度	高	池塘资源：地表水、湖泊、灌溉系统、渔业资源、森林等	公共物品：社区的和平与安全、国防、知识、防火、气象预报等
	低	私人物品：食物、衣服、汽车等	通行费物品（Toll goods）：剧院、私人俱乐部、护理中心

（来源：E. Ostrom，2005：24）

表 2－2　SESs 框架变量指标列表

社会、经济、政治背景（S） S1－经济发展；S2－人口趋势；S3－政策稳定性；S4－其他治理系统；S5－市场化； S6－专家团队；S7－技术	
资源系统（RS）	行动者（A）
RS1：部门（如，灌溉、林业、牧场、渔业） RS2：系统边界是否清晰 RS3：资源系统范围 RS4：人造设施 RS5：系统生产力 RS6：平衡状态（equilibrium properties） RS7：系统动态可预测性 RS8：系统储存特性 RS9：位置	A1：行动者数量 A2：社会经济属性 A3：使用历史 A4：方位 A5：领导力/企业家精神 A6：规范与社会资本 A7：SES 共有知识与心理模式 A8：资源依赖度的重要性 A9：技术采纳
资源单位（RU）	治理系统（GS）
RU1：资源单位流动性 RU2：资源单位可取代性 RU3：资源单位互动性 RU4：经济价值 RU5：单位数量 RU6：区别标记（distinctive markings） RU7：时间和空间分布	GS1：政府 GS2：非政府组织 GS3：组织网络 GS4：产权体系 GS5：运行规则 GS6：集体选择的规则 GS7：制度性规则 GS8：监督与制裁程序

互动（I）	结果（O）
I1 不同使用者的收获水平	O1 社会绩效（效率、公平、问责）
I2 使用者的信息共享	O2 生态绩效（过度获取、可靠性、多样性）
I3 商议过程	O3 对其他 SESs 系统的外部性
I4 冲突过程	
I5 投资行动	
I6 游说行动	
I7 自我组织的行动	
I8 网络化行动	
I9 监督行动	
其他生态系统（ECO）	
ECO1－气候条件；ECO2－人口模式；ECO3－灌溉社会生态系统的其他流入与流出	

（来源：**McGinnis and Ostrom，2012**）

第三节　构建中国本土化的变量列表

基于奥斯特罗姆（McGinnis and Ostrom，2013）的 SESs 修正理论框架，本研究识别出了中国灌溉系统的 SESs 框架第三、四、五层级的变量指标（见附录表 2-3）。变量指标的综述，一是基于 CNKI 查阅的二手文献资料（用水户协会研究为主）以及华中科技大学中国乡村治理研究中心课题组赴湖北沙洋县六个乡镇的调查报告《中国农田水利调查——以湖北省沙洋县为例》；二是基于作者所参与的委托课题与独立课题，分别是世界银行、英国发展计划署"面向贫困人口农村小型水利改革项目"和加拿大国际发展研究中心（IDRC）"中国高等教育中参与式学习和课程体系建设研究"项目，在新疆、湖北、湖南、河北、江苏、贵州等地的项目评估与实地研究数据，参与人员包括：水利部灌溉排水中心、财政部农业开发办公室的项目官员与专家，湖北省水利厅、新疆自治区水管总站、新疆自治区农业开发办、河北省农业开发办、湖南省水利厅、江苏农业资源开发局等六个省级项目办官员与水利专家，湖北东风渠灌溉管理局、新疆三屯河灌区管理处、湖南铁山灌溉管理局的官员与专家以及调研协会的主席、执委和用水农户。SESs 框架中的每一项变量指标的概念界定与引文出处，主要参照一项 2013

年的综述研究中（X. Basurto et al.，2013）的变量引文清单，以此说明其他学者对此变量的应用研究。

基于SESs修正理论框架中的最新版变量列表（见表2－2），四个子系统分别是：资源系统（RS）、资源单位（RU）、行动者（A）和治理系统（GS）。修正说明基于上述的变量引文清单。资源系统（RS）变量列表扩充至第二、三、四层级变量指标，本土化列表中共有三级指标61个、四级指标45个、五级指标9个。首先，在资源子系统（RS）中，将RS4与RS5合并为"RS4人造设施生产力"，包括"RS4.1引水设施生产力""RS4.2蓄水设施生产力""RS4.3资源系统经济效益"3个三级变量；将"RS6平衡状态（equilibrium properties）"更换为"RS5资源相对稀缺性"，并区分了其自然性波动和管理性波动两种类型；将"RS7系统可预测性"拆分为"RS6设施供给可预测性"和"RS7资源供给可预测性"，前者强调灌溉设施的供给与行动者的参与和反馈；"RS8水源复杂性"中细分为"RS8.1水源是否单一""RS8.2灌溉成本是否有差异""RS8.3是否有其他经济功能"，是从农户视角的变量设置，以分析经济理性与集体行动的相关性。

其次，基于第二代"理性选择模型"及IAD框架（2005）[①]，互惠、声望、信任等"社会资本"要素被公认为是克服合作困境的关键变量。在行动者系统子系统（A）中，本土化的变量增加最多，"A2社会经济属性"中细分为4个三级指标及1个四级指标。A4、A5、A6均分别添加了所识别的本土化三级、四级指标。领导权和共享社会规范、社会资本是非常关键的影响变量。A6中特别提出"A6.3责任共同体"的指标概念，基于外部社会经济制度变迁所带来的乡村转型问题所提出。A7的知识分为传统与现代两类，也体现了与外部背景的转型问题呼应。A8资源的重要性，区分为"A8.1经济依赖相关度"和"A8.2文化依赖相关度"，基于本土经验研究与对后社会主义中的经济和文化不平等的关注。

再次，治理系统（GS）中，GS1中重点提出"GS1.2行政主导""GS1.3资金支持"，有别于渔场和牧场系统，灌溉系统中的设施供给本身也是一个公共池塘资源问题（Rolf Künneke，2009）。与笼统的产权概念指标有别，本研究设置

---

① 奥尔森（1965）针对集体行动困境最早提出的解释框架"理性选择模型"中，狭义"经济人"的前提假设在之后遭遇来自经验研究的挑战，哈丁的博弈论模型（1982）采用"限制性理性"的概念，引入对社会资本的分析，如法律、传统习俗、声望的影响。视为第一代"理性选择模型"。奥斯特罗姆的制度分析和发展框架兼概念图谱IAD框架（2005）将外部变量分为：生物物理条件、社区属性和使用规则三类，后两类都强调社会资本与行动者的规则建构，与以行动者为导向的研究范式相呼应。

了"GS3.1 正式认可的产权"这一指标，界定为来自政府部门、第三部门、私人部门所一致认可的对灌溉设施的占有、管理、收益等权益。这一概念指标旨在反映产权作为一个由行动者群体共同建构的实践概念的特性。"GS2 非政府组织"列出三级指标"GS2.1 能力建设""GS2.2 组织统筹"，并将"GS3 治理架构"并入。将"GS5 制度性规则"与"GS7 法制性规则"合并，并再次与"GS6 集体选择的规则"合并，为"GS5 运行规则"。增添"GS4 运行机制"指标，分为市场机制、合作机制、传统机制、暴力机制，以识别不同灌溉管理环节中的机制差异性。"GS8 监督与制裁规则"，拆分为"GS6 监督规则"与"GS7 制裁规则"。资源单位（RU）的指标没有增减变动。

结合奥斯特罗姆对加州渔场三个案例的比较分析列表与中国用水户协会的本土经验，识别出四个子系统中的关键变量，用于多案例比较研究。关键变量及概念界定见下表。RS3 资源系统范围，其范围变动情况主要受系统设施供给的可预测性和治理系统的治理水平影响，如水库覆盖范围的变动、协会覆盖范围的变动。资源单位的可取代性 RU2，与使用者对资源的依赖程度呈负相关。灌溉水源为地表水和地下水结合的地区，RU2 可取代性可能较高，如由于水库设施老化，转而购置抽水机、利用地下水灌溉的情况。RU7 资源时空分布的异质性，具体指灌溉水资源对作物产量、使用者收入的影响，受到时间和空间差异的影响，如灌溉时间的早晚对产量和市场价格的影响、田块距离水源远近带来的差异等。

行动者系统中，"A5.1 正式性领导权"是指协会或其他管水组织中的领导力，密切关系到集体系统能否达成。"A6 共享社会规范、社会资本"中，信任和互惠的关系是关键，前者指成员为了信守承诺而采取非即时性利益导向的行动的程度，后者指系统对于成员间合作或防御行为的一个系统性反馈。GS 治理系统中，产权、治理架构与规则三个变量为核心，其中"GS3.1 正式认可的产权"与"正式产权"的区别在于对权利共识的强调。在专管与群管相结合的模式中，大中小型设施产权的分级所属、分级管理，与用水户协会成立后对小型设施产权转交的要求，并行不悖。设施修建与维修的关键之一，在于多方行动主体能否就设施的权属达成共识，尤其是占有权、收益权，而非仅是使用权、管理权。"GS2.3.2 垂直治理架构"，多出现在跨行政边界或以水文为边界的治理系统中，强调奥斯特罗姆的第八项设计原则"嵌套式企业"（the nested enterprises）。GS6、GS7 监督和制裁规则，是保障规则的可执行性的关键。

表 2－3　变量指标与条件界定说明表

变量指标	条件界定
资源系统（RS）	
RS3：资源系统范围	资源系统的（绝对）覆盖范围和（相对）承载能力
RS6：设施供给可预测性	行动者对于设施受人为和自然因素影响而变动的预测程度或识别程度
RS7：资源供给可预测性	行动者对于蓄水设施和引水设施供给的预测程度
资源单位（RU）	
RU2：资源单位可取代性	灌溉资源单位被其他单位取代的可能性（受到水源复杂性 RS8 和产权明晰性 GS3.1 影响）
RU3.1：层级间互动性	资源单位的不同治理层级之间进行有效互动的程度
RU7：资源时空分布的异质性	资源效能的发挥由于受时间和空间制约而产生差异性的程度
行动者系统（A）	
A1：行动者数量	资源系统中影响决策制定的行动者
A5.1：正式性领导权	行动者中能够组织集体行动的达成并被同伴所采纳的人
A6：共享社会规范、社会资本	信任和互惠，前者指成员为了信守承诺而采取非即时性利益导向的行动的程度；后者指系统对于成员间合作或防御行为的一个系统性反馈
A7.1：灌溉共有的现代知识	利益相关者理解 SESs 框架的特征、动态及其意义的程度
A7.2：灌溉共有的传统知识	利益相关者理解并应用灌溉传统知识的程度
A8.1：经济依赖相关度	灌溉农业收入作为农户家庭收入来源的重要程度
A8.2：文化依赖相关度	资源系统的文化价值、实践与服务，对于农户维持生计的重要程度
治理系统（GS）	
GS2.3.1：水平治理架构	治理组织与外部（上级）其他组织之间的层级结构
GS2.3.2：垂直治理架构	治理组织内部的管理层级结构
GS3.1：正式认可的产权	来自政府部门、第三部门、私人部门所一致认可的对灌溉设施的占有、管理、使用、收益等权益
GS4.3：传统机制	执行规则中，占据传统的社会声望、权力或地位的成员所发挥的作用

GS5.1.1：制度性规则的执行度	自上而下的制度规则，在治理系统内部得到落实的程度
GS5.2.1：集体性规则的交流成本	治理系统内部，成员间达成一致性规则的交流成本的可支付程度
GS6：监督	地方行动者与外部行动者共同监察与督促资源系统和资源单位的状况、规则的执行
GS7：制裁	违反运行规则的行动者所受到的与当地条件一致性的制裁

　　第三章"当前中国集体灌溉管理的变迁类型"探索将 SESs 框架应用到中国灌溉系统的分析中，针对三种不同类型的灌溉管理系统：一是，曾集镇案例是集体灌溉走向解体，旨在分析外部社会经济背景变量组合，如何威胁到了灌溉合作供给与管理，直至合作解体。通过比较外部制度变量的变化前后，识别出在四个子系统中不同层面变量所带来的变化，此类案例在全国层面也有代表性。二是，黄家寨案例是没有外界干预的情况下，自主治理何以成为可能，尤其是合作灌溉管理。三是，三干渠案例是在外界参与式灌溉项目干预下，从过去行政主导的集体灌溉走向新型共治的案例，解决了灌溉设施高成本供给和灌溉用水的高成本获取问题。通过同一个灌溉系统在不同时间段的治理变迁，识别出用水户协会成功达成集体行动并维持的子系统变量与变量条件组合。

第三章　当前中国集体灌溉管理的变迁类型
——基于 SESs 框架的多案例比较

　　根据既有调研，全国范围内的灌溉管理系统，在治理主体维度上被划分为三大类型：农民用水户协会、传统行政主导型、个体化灌溉管理。本章所筛选的三个灌溉系统典型案例，分别对应这三种类型的灌溉管理系统：湖北当阳市东风灌区三干渠农民用水户协会模式、贵州黔东南布依族苗族自治州黄家寨水库乡镇管理模式、湖北荆门市三干渠曾集镇农户自主灌溉模式。一手数据主要是调查研究与案例研究相结合，用无结构观察、半结构访谈及调查问卷等形式获取；二手数据主要来源有"面向贫困人口农村小型水利改革项目"评估相关资料与华中科技大学中国乡村治理研究中心课题组赴湖北沙洋县六个乡镇的调查报告（贺雪峰、罗兴佐，2012）。研究的主要目的是将 SESs 框架引入分析中国的灌溉管理改革实践的规律，识别出不同类型的灌溉管理系统中关键变量的异同，并分析变量指标与变量组合的差异所带来的不同结果，集中在子系统内部单变量分析、子系统内不同变量组合分析、四个子系统互动分析、系统与外部背景变量互动分析四个维度。研究旨在对我国农村不同类型的灌溉管理方式做出诊断性分析。

　　湖北曾集镇的案例代表了集体灌溉陷入困境后，农村集体灌溉走向个体化的失败的集体行动案例；贵州黄家寨水库的案例中，传统精英的力量尚未受到市场化改革影响而削弱，依然维系了传统行政主导、农民自主管理的集体灌溉方式；而自 20 世纪 90 年代中期，我国引入农民用水户协会治理模式后，湖北三干渠协会是全国最早组建的协会之一，并持续运行至今已达 15 年。本章应用 SESs 框架，展开中国本土的经验研究与国际灌溉管理研究的"理论对话"。三个典型案例，分别回应三个主要的理论问题：一是，特定社会、经济、政治、技术环境变迁下的特定资源单位中，互动的模式和结果，特别是本身作为公共池塘资源的灌溉设施的过度使用和集体供给的失败；二是，特定外部背景变量变迁的环境下，面对内部或外部干扰时的可持续或稳健程度，及其关键变量；三是，在外界金融诱因及强加规则条件下，引入新的治理安排和使用模式所带来的可能的内生发展，自变量包括一套治理的规则、权属、资源系统的使用等。

第一节　制度改革后走向解体的农村集体灌溉

湖北曾集镇案例主要回应第一个理论问题：社会、经济、政治、技术环境变迁下的特定资源单位中，子系统之间互动的模式和结果。具体而言，随着行政主导的力量减弱、农民外出务工及个体化灌溉技术的引进等外部背景变迁，为什么曾集镇的集体灌溉走向了解体，出现了公共设施的过度使用、新的集体性规则难以达成？本案例基于 CNKI 查阅的二手文献资料（用水户协会研究为主）以及华中科技大学中国乡村治理研究中心课题组赴湖北沙洋县六个乡镇的调查报告"中国农田水利调查——以湖北省沙洋县为例"。

一、灌溉系统的生物物理条件

曾集镇位于湖北省漳河灌区，江汉平原向鄂渝山区过度的丘陵地区，地貌复杂多变。全镇农村人口为 25643 人，实际耕地面积 10.63 万亩，水田 9.85 万亩、旱地 0.78 万亩。基本户均 10 亩耕地。全镇下辖 24 个行政村、居委会。全镇耕地中易蓄水的、地势较低的冲田约占 20%，需要提水、地势较高的岗田占 20%，其他平坦地势的田占 60% 左右。主要的种植作物，旱田为棉花，一年一熟；水田以水稻、油菜为主，一年两熟。曾集镇地处亚热带湿润性季风气候，降水量与季风强弱直接相关，雨量年际间和月份间变动较大。2000 年与 2004 年相比，相差近 200 毫米。五六月份水稻插秧期的降水量较少，且年际变化大，单靠将水无法满足用水需求。同样的，秧苗保胎的 8 月份也是灌溉用水缺口。

早在改革开放初期，当地就形成了以漳河水库所属的三干渠和若干支渠为灌溉骨干，以各中小型水库为支撑，以遍布全镇的错综复杂的"干、支、斗、毛"渠和堰塘为基础的完备的灌溉设施体系。灌溉设施是人民公社时期，大集体动员下统一修建的，管理方式采取行政主导的"专管＋群管"方式。镇域水库 14 座，总库总量 0.831 亿立方米，总灌溉面积达 15.33 万亩，可灌溉面积超出了耕地面积。渠道以三干渠为主，以行政村为边界的渠道共计 486.3 千米，平均每村水渠长度 20.3 千米，可通达每块田地。泵站在 1997 年有 14 座，总设计流量 2.86 立方米/秒，泵站抽水一般是抗旱应急灌溉方式，并非常规的方式。

二、陷入灌溉设施供给的新困境

伴随着农村社会和经济体制变革，农村水管单位逐渐与乡村组织分离，走向了市场化的道路。与此同时，政府逐步减少对农田水利建设的投入。农田水利工程的供给，成为曾集镇集体灌溉所面临的"集体行动困境"之一。2000 年以来，曾集镇水利供给状况不断恶化：漳河水库放水次数由原来的天天有水演变为一年只放两次水，一次仅七八天，毛渠干旱缺水；村民预缴水费的可用水量与实际用水量不成比例，末端用水户开始拒缴水费；水渠淤塞严重，难以组织村民集体清淤。2002 年后，农户开始修建机井，借助机井和堰塘灌溉的农户数量增多。以村民小组为单位的集体放水管理难以为继。2005 年，漳河水库几乎退出历史舞台。2009 年，部分村民小组已出现"家家有机井、户户有堰塘"的景象。

荷兰专家罗尔夫（Rolf Künneke, 2009）在研究中首次提出将"基础设施"界定为"公共池塘资源"（CPRs）进行研究的必要性。他识别出基础设施的四项关键的功能：系统管理（系统管理和服务质量）、能力管理（战略、技术、运行层面）、水平互联性（与其他基础设施）、垂直互联性（运行中系统内部的互相联接），并根据这四项功能的责任主体和角色，区分出一个从垄断到分治的谱系结构。将其应用到曾集镇的灌溉设施的供给分析中，可以将新中国成立以来的供给制度变迁（S3 政策稳定性）划分为三个阶段（见图 3—1）：

（1）20 世纪 50—70 年代，灌溉设施的政府垄断性供给时期（monopoly），即新中国成立后到土地分包到户前，即"大一统"时期。农民以生产队为单位参与水利工程的建设和使用，政府统一负责工程管护和灌溉管理，乡镇水利站被赋予了农田水资源的统一调配职能，集四项功能于政府；

（2）20 世纪 80—90 年代，灌溉设施的垄断性竞争供给时期（monopolistic competition），即土地分包到户到税费改革前。政府以法律、行政命令等方式，将水利工程的建设、使用、管理维护等方面的工作纳入政府日常管理工作中，实行"专管＋群管"的分级管理方式。漳河水库管理处负责漳河水库的管理维护与放水管理，费用由农民的共同生产费逐级上交到上级政府后转交给管理处。支渠及支渠以下渠道在村庄层面管理，由村领导负责收缴水费、组织集体灌溉和维修渠道；

（3）2000 年以来，灌溉设施的获取性竞争供给时期（access competition），即税费改革后。获取性竞争时期，一是大中型工程的政府投入以市场化机制运作，小农水项目采取工程招投标的形式。漳河水库市场化改革后，灌溉用水的费用标准上涨。二是小微型工程，国家倡导"一事一议""谁受益、谁投资""以奖代补"的市场化机制，并对机井、抽水井等个体化灌溉技术给予财政补助，加速了中小型水利供给的获取性竞争和"以户为单位"的个体化供给。与此相伴的是，职能部门的市场化改革，乡村基层"七站八所"的撤销、农业税的全面取消，并且取消了"三提五统""两工（积累工、义务工）"和村民小组长，乡村政权沦为"空心化"，行政主导的灌溉供给陷入困境。

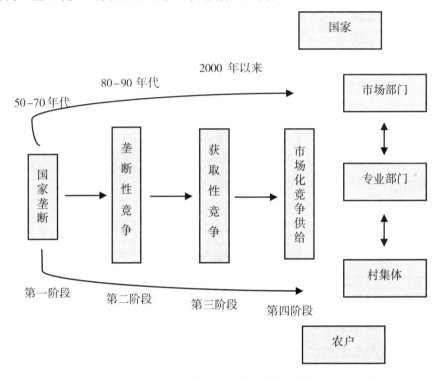

图 3—1　曾集镇农田水利供给与配置中的责任主体变迁示意图

三、不同时期系统稳健性对比分析

90 年代末，进入灌溉设施的获取性竞争供给时期（第三个阶段）以来，农户选择打井、挖堰等自组织、高成本的方式，完备的灌溉设施因利用率极低、长期得不到有效修整而废弃。引漳河水库灌溉次数锐减，渠系末端的农户供水不充足，开始拒缴水费。表 3—1 中的指标变量采用"高中低、变化快慢、缺失与存在"等定性程度描述。曾集镇的资源系统范围（RS3）锐减，设施和资源的供给可预测性（RS6、RS7）降低：渠道损坏严重，渠道淤塞、堤面塌陷（村民挖土盖房或蓄水、村民刨占耕种），甚至填平渠道种田；水库大多承包给私人养殖水产；泵站废弃、破坏严重，完好率平均只有 30%，失窃现象时有发生。过去与大水利对接的资源系统复杂性（RS8）降低，即资源单位的可取代性（RU2）提升，加之取消村民小组长后正式性领导权（A5.1）的缺乏，使得集体灌溉走向解体。目前主要的灌溉方式是以个体用水户为单位的"机井＋堰塘"模式，单户的灌溉成本（包括打井、挖堰和劳务成本）提升近 8 倍。另外，少数户间合作灌溉的"共井共堰"模式，规模不超过 10 户，且共享的社会规范、社会资本（A6）遭到侵蚀，农户间松散的合作纠纷不断。

按照奥斯特罗姆 IAD 框架的七项设计原则进行不同时期的对比分析（见表 3-2），进入 2000 年以来，七项规则全部缺失，系统的制度绩效由稳健转为不稳健。在前两个阶段，以生产小队或村民小组为单位的灌溉管理，以及地方政府（县乡）或专业机构（漳河水库管理处）为主导的灌溉设施供给，均界定了清晰的灌溉系统边界和成员边界。进入第三阶段后，水库供给主体的运行不善，村组作为末级渠系供给主体的功能发挥失常，成员退出、系统灌溉面积锐减，原有边界不再得到共同认可。前两个阶段的占有与供给，依赖行政主导的力量，从修建维护中的投工、投劳，到日常使用中的费用缴纳，基本实现收支平衡以及占有的相对公平性。末端用户的搭便车行为，在村民代表大会或村民小组会议等正式规则的压力下，能够得到有效遏制。随着村民小组长一职的取消，过去的正式规则和公共权威不再，搭便车者涌现，不仅如此，偷盗公共设施的公地悲剧也开始出现。缺乏对使用者和资源的监督，分级制裁和冲突解决机制不再有效。村民对村民小组这个基本用水单位的认可度下降，无法达成新的集体选择的共识。

表 3-1　曾集镇灌溉系统三个时间段的关键变量指标比较

变量指标	条件界定	50-70年代	70-90年代	2000年以来
集体灌溉成功与否		成功	成功	失败
资源系统（RS）				
RS3：资源系统范围	资源系统的（绝对）覆盖范围和（相对）承载能力	大	大	小
RS6：设施供给可预测性	行动者对于设施受人为和自然因素影响而变动的预测程度或识别程度	高	中	低
RS7：资源供给可预测性	行动者对于蓄水设施和引水设施供给的预测程度	高	中	低
资源单位（RU）				
RU2：资源单位可取代性	灌溉资源单位被其他单位取代的可能性（受到水源复杂性 RS8 和产权明晰性 GS3.1 影响）	低	低	高
RU3.1：层级间互动性	资源单位的不同治理层级之间进行有效互动的程度	高	中	低

RU7：资源时空分布的异质性	资源效能的发挥由于受时间和空间制约而产生差异性的程度	低	中	高
行动者系统（A）				
A1：行动者数量	资源系统中影响决策制定的行动者	低	低	高
A5.1：正式性领导权	行动者中能够组织集体行动的达成并被同伴所采纳的人	存在	存在	缺失
A6：共享社会规范、社会资本	信任和互惠，前者指成员为了信守承诺而采取非即时性利益导向的行动的程度；后者指系统对于成员间合作或防御行为的一个系统性反馈	存在	存在	缺失
A7.1：灌溉共有的现代知识	利益相关者理解 SESs 框架的特征、动态及其意义的程度	缺失	缺失	缺失
A7.2：灌溉共有的传统知识	利益相关者理解并应用灌溉传统知识的程度	存在	存在	缺失
A8.1：经济依赖相关度	灌溉农业收入作为农户家庭收入来源的重要程度	高	中	低
A8.2：文化依赖相关度	资源系统的文化价值、实践与服务，对于农户维持生计的重要程度	高	中	低
治理系统（GS）				
GS2.3.1：水平治理架构	治理组织与外部（上级）其他组织之间的层级结构	缺失	存在	缺失
GS2.3.2：垂直治理架构	治理组织内部的管理层级结构	存在	存在	缺失
GS3.1：正式认可的产权	来自政府部门、第三部门、私人部门所一致认可的对灌溉设施的占有、管理、收益等权益	存在	存在	缺失
GS4.3：传统机制	执行规则中，占据传统的社会声望、权力或地位的成员所发挥的作用	存在	存在	缺失
GS5.1.1：制度性规则的执行度	自上而下的制度规则，在治理系统内部得到落实的程度	存在	存在	缺失
GS5.2.1：集体性规则的交流成本	治理系统内部，成员间达成一致性规则的交流成本的可支付程度	低	低	高
GS6：监督	地方行动者与外部行动者共同监察与督促资源系统和资源单位的状况、规则的执行	存在	存在	缺失
GS7：制裁	违反运行规则的行动者所受到的与当地条件一致性的制裁	存在	存在	缺失

表 3—2　曾集镇灌溉系统不同时期七项设计原则对比表

	清晰的系统与成员边界	本土化的占用和供应规则	集体选择的安排	对使用者和资源的监督	分级制裁	冲突解决机制	对组织权的认可	制度绩效
20 世纪 50—70 年代	是，正式	是，非正式	是，行政动员	是，正式	是，正式	是，正式	是，正式	稳健
20 世纪 80—90 年代	是，正式	是，正式，专管＋群管	是，村民小组为单位	是，非正式	是，非正式	是，非正式，本土化的	是，正式的，本土化的	稳健
2000 年以来	否，渠系退化成员退出	否，市场化供给机制盛行	否，松散的个体化规则	否	否	否	否	不稳健

四、集体行动失败的关键解释变量

SESs 框架提供了一套编码系统或者说分析语言，在回应外部变量带来的影响方面，结合安德列斯（Anderies，2004）提出的稳健性框架会更有解释力（见图 3—2）。2000 年前后，随着外部变量，特别是政策的变化，导致作为设施供给主体的地方政府与大中型灌溉设施之间的链条 3，以及作为用水户的单个农户与小型农田设施之间的链条 6 出现断裂。回到治理子系统（GS）中进行变量分析：首先看链条 3 的断裂。从第二阶段转向第三阶段，灌溉设施的管理权由专管和群管相结合转为市场化原则的受益主体管理，主体松散、边界模糊，过去正式认可的行政主导的产权（GS3.1）不复存在，偷盗泵管、占有堤面和渠道的行动更加剧了"公地悲剧"的状况。在垂直治理结构（GS2.3.2）退出而水平治理结构（GS2.3.1）未能建立起来的情况下，资源使用者和公共设施供给主体之间的链条 2 被打破且未能重建，自上而下的制度性规则（GS5.1.1）如"一事一议"等无法有效执行。

其次，分析链条 6 断裂的原因以及为何没有重建链条 6。即，关于小农水设施供给的集体性选择规则为什么没有达成。按照奥斯特罗姆对制度选择的分析，它是一个对不确定的收益和成本进行有依据的评估过程。集体灌溉解体后，在个人机井灌溉成本大大增加的情况下[①]，为什么集体灌溉的新规则未能建立？这一

---

① 以龚庙村某组范某家为例，12 亩田在集体灌溉时期的用水成本是 250 元水费，而 2005 年自家打了深井之后，一年的灌溉成本包括：电费、机井折旧费、潜水泵折旧费、软管及井下水管折旧费，合计 2000 元。

问题即奥斯特罗姆提出的"非对称性动机"的集体行动难题。使用者系统中出现分化，群体内部缺乏一致性的领导力（"村民小组长"被政策取消），农户间的信任基础遭到破坏（"搭便车"者的出现），以及缺乏一定的经济激励，处于水渠上游优势位置的农户和末端农户之间不能达成一致性的设施供给和资源使用规则（GS5）。曾集镇的案例分析，采用治理子系统中的交流成本（GS5.2.1）作为关键的解释变量，基于交易成本理论。随着外部背景的变化，资源系统的复杂性增强，使用者之间达成合作的谈判过程变长。在缺乏正式性领导权（A5.1）以及村庄信任和互惠机制（A6）遭破坏的情况下，作为经济理性人的农户间进行利益博弈的过程中产生了交易成本，即囚徒困境形式模型中的交流成本。曾集镇案例中，优势农户和劣势农户的划分标准出现了两类情况：一类是依据奥斯特罗姆提出的渠系位置相对优劣，分为渠首和渠尾两类。但从曾集镇灌溉资源分布的角度，优劣农户的划分更为复杂，不仅要考虑地块距离水源远近，连地块高低的不同也要纳入考虑。所谓优势农户，指地块高、距离水源近、可以旱涝保收的农户，即资源子系统中灌溉成本的差异性（RS8.2）这一指标。另一类划分是依据农户的经济收入指标，主要体现在农民兼业化带来的非农收入比重变化（A8.1经济依赖相关度）。相较而言，优势农户对灌溉农业的经济依赖度低。贫富分化的子群体之间的谈判，出现两种可能性：要么，优势农户转嫁交流成本，弱势农户被迫退出，寻求个体用水方案；要么，优势农户缺乏对集体行动的经济激励，主动退出合作。

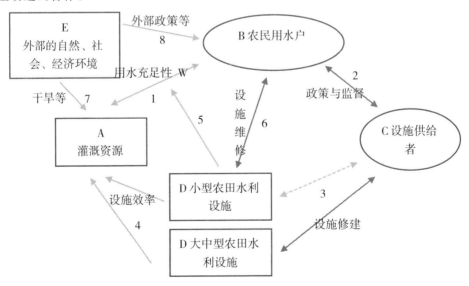

图 3-2　改编自 SES 稳健性框架（Anderies，2004）

第二节　行政主导型集体灌溉管理的达成与维持

与曾集镇案例相反，黄家寨水库是在制度改革后，传统的农村集体灌溉依旧延续下来的案例。主要回应的理论问题是：特定外部背景变量变迁的环境下，面对内部或外部干扰时，集体行动达成后的稳健性及其关键变量。数据来源为笔者在贵州省凯佐乡的实地研究，前后共计四次，时间约为 6 个月。资料收集情况见表 3－3。

表 3－3　凯佐乡案例研究开展情况一览表

实地研究	主要收获	资料收集方式	资料整理方式
第一次	与当地各相关行动主体建立信任和良好关系； 了解全乡的基本信息和部分村组的灌溉情况； 反思并进一步提炼论文的研究问题	走访关键人； 问卷＋访谈提纲	问卷、照片； 访谈记录、录音记录
第二次	充分融入当地社区和乡政府工作场域； 走访并掌握全乡各村组的灌溉实践； 反思并进一步确定论文的研究案例	直接或参与式观察； 半结构、无结构访谈； 关键小组访谈； 二手资料	每日写作调研笔记
第三次	黄家寨水库个案研究； 六个自然村个案研究	口述历史、水利志、工作文件或工作笔记等； 直接或参与式观察； 关键知情人、入户访谈； 社区踏查、参与社区公共节庆和活动、参与农事劳动、参与灌溉工程的维修过程	案例研究笔记，辅助访谈清单、制表、绘图等
第四次	回访社区和县乡政府主要负责人	分享论文主要发现和结论；听取反馈并采取干预行动	提议并动员多方参与黄家寨水库共管

一、灌溉系统的生物物理条件

黄家寨水库是贵州省长顺县凯佐乡的唯一一座小一型水库。凯佐乡坐落于省会贵阳市东南 57 千米处，海拔 1295 米，属长顺县海拔最高的乡。辖 4 个村民委员会，37 个村民小组，总人口 9620 人、2127 户。其中非农业人口 120 人，全乡劳动力人口 5860 人。2007 年农民人均纯收入为 2168 元。全乡地貌分两类，一类是浅切割喀斯特中山区，受地质构造和地层的影响，水源缺乏、沟谷洼地明显，其耕地资源主要是旱坡地，约 8955 亩；另一类地貌多为宽谷丘垄，海拔高差低于 100 米，坡度较缓，水源较丰富，耕地以稻田为主，全乡共有水田 13155 亩。按照地理位置和气候带的划分，凯佐乡属于中亚热带季风湿润气候区，降雨量夏季最多，春、秋两季次之，冬季最少，很适宜大季作物的生长（见表 3—4）。

黄家寨水库位于乡政府驻地西北部。上游集雨面积为 9.56 平方千米，包括引洪部分的 8 平方千米在内。水库是 1973 年设计并施工的，到 1982 年共完成大坝块石护坡一座，子坝两座（1 号坝高 2.9 米，2 号坝高 2.9 米），引洪渠一条长 1.3 千米（末段 800 米用块石浆砌），渠长 6.96 千米，隧洞 2 条长 540 米（黄泥关隧洞 420 米，猫洞隧洞 120 米），溢洪道一条长 105 米，提水站一处，蓄水量达 137 万立方米，完成灌溉面积 2571.5 亩（设计灌溉 2700 亩），共用投资 35 万元。时至今日，由于缺乏管护沟渠损毁严重，底部渗漏、涵洞垮塌堵塞，加上缺乏维修资金和管护人员，水库有效灌溉的村民组从原来的 12 个减少到不足 6 个（分别是凯佐一二三组、新尧组、大补羊、基昌组）。

小二型以下的水库被当地人叫山塘，大集体时期各生产队（村民组）都有修建。因工程老化、管理不善、年久失修，至今仍可用于农田灌溉的仅有 6 座，分属于 6 个村民小组（生产队）。同期修建的还有 15 座提灌站，目前仍在使用的只有 3 座。山塘所有权归村民组，由村民自我管理。但提灌站的所有权归县水利局，村组只负责日常管理。地上、地下水源不足、水库老化渗漏、山塘库容太小、沟渠损毁失修、提灌站遭偷盗等一系列问题，导致全乡农田灌溉困难。自 90 年代末以来，黄家寨水库的维护主体缺位、缺乏投入保障机制、工程效益严重衰减，与曾集镇的情况并无二致。

表 3-4　2008 年凯佐乡农作物种类及播种面积（面积单位：公顷）

作物	面积	备注	作物	面积	备注	作物	面积	备注
杂交稻	389	籼稻、中晚一季晚稻	豆类	33	大豆25；杂豆8	烟叶	23	烤烟19；土烟4
小麦	85	硬粒、冬小麦	薯类	27	红薯	蔬菜	65	菜类36；瓜类20；西瓜9
玉米	330	杂交玉米占92%	油料作物	403	油菜籽	饲料	19	青饲料10；绿肥9

二、走出灌溉设施供给的新困境

面对小一型水库和小二型水库（山塘）供给主体缺位陷入的困境，全乡各村民小组纷纷采取不同的路径达成了新的集体行动，解决了设施供给和灌溉管理的集体行动新困境。

（一）黄家寨水库的重建工程。

黄家寨水库（以下简称"黄水库"）所在的贵州省。并非全国水利改革的重点省。2004 年省水利厅联合发改委等 11 个部门联合发文《贵州省水利工程管理体制改革实施意见》。按照规定，黄水库由工程所在县（市、区）水行政主管部门直接管理。但《实施意见》没有就工程权属上交后如何做好工程管理做出说明（缺乏 GS3.1 正式认可的产权），黄水库名义上由"乡管"改为"县管"①，但日常使用仍由乡政府负责，也没有进行市场化改革（缺乏 GS2.3.1 水平治理架构）。县水利局、乡政府负责水利的副乡长、水库管理人员对权属移交的时间说法不一，且没有文档记录。乡政府委派两位工作人员负责水库的灌溉管理：由一名主管计划生育工作的副乡长负责开票，水费归乡财政；另外一名乡政府指派水库所在村民小组一位村民负责收票放水。放水以自然村为单位，1981 年土地分包到户后开始收取水费。水价由县水利局制定，上下游各村上交的水费（按亩计价）价格不一，上游要少一些。放水按照"谁先开票，谁先放水"的次序，一般以自然村为单位集中放水。主沟渠每年由受益户（共 1000 多户）负责出工清理（除杂草、清淤泥）。作为经济激励，参与清淤的农户享受内部水价，每小时 6 元、8 元，或 10 元不等。未参与清淤的农户则是每小时 35 元。每年都会有 80%

---

① 黄家寨水库建成后的前 30 年间交由乡政府管理（1975 年-2005 年），但 2005 年后水库所有权上交给县水利局。

以上的受益户参加清淤。

如前所述,目前黄水库能够有效灌溉的村民组从原来的 12 个减少到不足 6 个（分别是凯佐一二三组、麦组、大补羊、基昌组），主要原因首先是沟渠损毁严重，其次是水库渗漏严重。[①] 水库权属上交县水利局后，按照规定：日常的维修管理由县水利局的管理股负责，小二型以上的水库维修则由建设股负责，需向上级申报，由国家出资。2009 年，作为全州仅有的两个病险库加固工程之一，黄水库得到了国家 40 万的资金支持。由州水利局负责"公开招投标"，由州水利局承包给了州水利局下属的工程公司施工[②]，县乡两级政府没有参与（均没有项目资料）。2010 年 11 月，由州水利局招投标的黄水库加固工程竣工。历时两年的加固工程致使 2009 年和 2010 年两年的春灌无法保障。对于工程质量的监督，乡书记和现任县水利局局长一致的看法是，"工程属于州水利局直接负责，县、乡两级不具体参与"。黄水库守机房的负责人表示："当地老百姓和乡政府都没有参与。县水利局来了一趟，没有权利监督，施工队都不给（水利局领导）递烟。"加固工程尚未竣工之际，黄水库的进水沟仍是泥沟没有得到硬化。农民向工程队反映，没有得到回应。乡政府出资 3000 元，由凯佐一队组长承包，带领 7 个本地农民，连续三天完成了硬化。

（二）各村民小组维持集体灌溉的努力。

大集体时期各村民小组都建有小山塘，用于农田灌溉和牲畜饮水，权属归村民小组，由小组内成员共同维护、集体灌溉。因外部自然或人为变化造成的损毁，各组以不同的方式成功达成了集体行动，走出了小农水设施的供给困境。选取不同模式的六个村民小组为例。

1. 凯佐三组。2003 年，凯佐三组的山塘坝体被冲毁，队长组织群众集资投劳搞维修。每家的集资份额从 8 元、10 元到 20、30 元不等，视受益田土的面积大小而定。按照自愿的原则投劳，不分男女劳力。三组 150 个劳动力中有 20 个外出打工，参加出工的共 18 人（10 女 8 男）。时任队长（现任行政村村主任）认为，"大家出力的积极性还可以，主要是对自己有利，若对他无利就不好喊"。2005 年，三组利用集体资金买了沙、石头，动员各户出劳力，花了两天时间硬化山塘（以免牛下塘打滚的时候踩踏）。据组长回忆，"全队只有两户没有出工，

---

① 水库坝体是农民投工投劳修建而成的，工程质量不会有问题。而沟渠硬化则是政府承包给外地"专业队"来修，偷工减料致使沟渠质量较差。加上山体滑坡等自然灾害的影响，主沟渠的坍塌严重。

② 一位乡领导和县水利局局长均透露，该工程承包给了州水利局下属的工程队。

一户是只有两个娃在家，大人全出去（打工）了。另一户是老弱病残"。

大集体时期，三组组内有一个提灌站，专人管理，从山塘抽水。一人管水，一人巡坝（放水时查看哪里缺水），一人抬抽水机（计 5 个工分），集体出柴油费。分包到户以后，集体的提灌站没人管理遭到废弃。1988 年以后，各家基本都购置了小抽水机，一套 1700－1800 元。山塘放水灌溉，无需水费，只用抽水机的电费成本，平均 15 元/亩。

2. 大补羊组。该组有 70％的田地要从黄水库放水，另外有 100 亩田属于"望天田"。村民一直想建一个提灌站，把水提到井旁的小山上，使 100 多亩"望天田"受益。作为贵州省农业综合开发实验区之一的凯佐乡政府，听取了村民的意见，同意修建提灌站。在省农科院课题组的带动下，村民按照"参与式"方法，召开群众会，分为 3 个施工小组，选出 3 名小组长。由该组寨老（原乡拖拉机站技术员）负责设计方案，另外选用组上有木工、水泥工、粉刷工经历的村民参与技术工。工程资金每月公布一次，乡政府跟踪监督。每月拿发票找到组长、村民代表、小组管理人员、乡长等人签字后方可报销。历时 15 天，村民自己建成了提灌站，运行至今十多年，从未出现过断水。

工程建好后，村民选出管水员和水费收取员各一名，负责收费放水及维修。饮用水以方计量，灌溉水按照用电量来收取费用。规定水费的一定比例用作社区发展基金，但迄今累积的基金额度很小。为保证自来水的可持续使用，在与村民座谈后拟定了详细的管理章程。章程就水管员的责任、水管安装和维护、水资源的管理、水费管理等均做出了详细规定，并经村民一致同意后，于 1996 年 4 月 1 日起正式生效。用提灌站抽水井灌溉后，大都是各家单独去排队放水，按照"先来后到"的顺序。水价由村民共同商议决定，饮用水为 1 元/方（各家都安装了水表）、灌溉水为 0.7 元/度（其中 0.03 元/度作为管理人员的提成，另有 0.1 元/度作为维修费用）。

规章运行一段时间后，"水费收缴"等问题逐渐暴露出来：一是村民组长兼任规章管理员，缺乏来自第三方的监督和支持。二是规章并不能有效执行，特别是对拖欠水费的处罚。据村民的看法，原因主要归于"面子"。在这个仅有 67 户人口的自然村，村民大多有亲戚关系，他们碍于"面子"，在村民大会上并不会检举拖欠水费的农户，而负责水资源管理的时任组长又是个"老好人"，不够强势。三是管理小组并不能及时定期地收取水费（按规定每月一次）、公开账目。这方面的主要原因是水费提成过少，不足以吸引管水员尽职尽责。

总的来说，因"不能服众"（如有漏水却不维修、水费收取和账目公开不及时等）及制度要求（同组长一起换届）等原因，管水员更换频繁。过去管水员一上任，往往先收取 500 元押金，不然就很难收取水费（主要是电费）。"人多事多，又不得钱，就没人想搞了"，几位曾任水管员的村民均如是说。后来变压器遭盗，很难集资，于是集体出钱去买（集体有 2 座矿山，被本村人承租开石灰石厂）。面对水管员更换频繁、缺乏积极性，还有水费收缴的难题，村民代表商议后决定将提灌站承包给个人，水价不变动。"承包给个人"这一方案背后的逻辑是，以前拖欠水费的农户感觉是"亏欠集体"，承包后他们会感觉是"亏欠个人"。采访到现任承包人时，他也表示现在收取水费比过去更加容易了。

3. 基昌组。2004 年黄水库部分沟渠坍塌，此后基昌组每年有 40％的田地需到外村借田打秧。灌溉陷入困境：一是"靠天落雨"；二是去亲戚家"借田打秧"；三是同时用 4、5 抬抽水机抽井水育秧，且水量很小；四是从邻村提灌站抽水。面对 290 多亩秧田无水育秧，2008 年组长召开群众会，动员群众集资购买一台大型抽水机，计划从距村组 1.2 千米的麻线河[①]抽水。数次动员会后，80 户中有 50 户同意集资，还有 30 户因不会从中受益拒绝参加。集资额也由原计划的 50 元/户提高到 100 元/户。另还有几千元的缺口，乡书记拿出 8000 元做垫付。[②]抽水机投入使用后，组长同群众商议后制定了两套水价：针对当初未集资的 30 户为 12 元/小时；集资农户是 6 元/小时。

4. 新寨院组。新寨院是个移民村，地处自然条件恶劣。全组人均旱地 1 亩左右，水田只有几分，且都集中在 3 千米外的黄水库附近。村民育秧一般都是望天落雨，或者去水库边的组上找亲戚朋友借田育秧。2009 年组长组织村民集资投工修建小山塘。动员过程中，组长威胁钉子户奏效，"集体的事不参加，以后就不要享受新寨院的任何政策"。三次召开组民大会商讨，确定了工程选址和每户集资额度（100 元），外加农科院项目资助 15000 元——分三期拨款（5000 元/年），并拟定了集体灌溉管理的村规民约。

5. 牛安云组。牛安云组人均总收入 2000 元左右，以往 90％以上的收入来自于农业，随着劳动力的外出农户间贫富差距拉大。作为凯佐乡参与式农村发展项目的第二批试点村寨，第一次自来水工程最终因村庄恶势力破坏以失败告终。新任命的村民组长临危受命，推动了妇女小组建设和植树造林项目，均获成功。后又引导村民共同修建了灌溉引水渠，具体过程见表 3—5。

---

① 凯佐乡唯一一条地上河，但有意思的是，各组村民对这条河一直没有一个统一的叫法。

② 这件事最早是书记亲自说给笔者的，后来又在组长老袁那里得到了证实。最后，组长为这 8000 元申请了农科院课题组的小项目资金。

表 3-5　牛安云组灌溉水渠工程建设动态图

工程动态	具体实施环节
需求表达/决策	组长召开村民大会，持续了 2 个星期。 极个别农户因享受不到灌溉水渠，十分不配合，思想工作不好做。 组长和其他几名村里能人几经努力，做通了其中 1 户，其他几户也就同意投工投劳。 村长的原则是不想参加也不勉强，但若"喊你出工你不出工，以后有事别找我"。
集资过程/机制	K 乡政府资助 40 吨水泥，农科院课题组出资 1 万元。 农户每户集资 10 元。 县水利局前来考察后，认为需要 9 万元。 村民自己搞，认为 18000 元就够了。
修建过程/使用	全村 24 户为一大组，6-12 户为一小组。书记选出最"坏"的当组长（偷、懒、甚至坐过牢的）。 吴支书的报酬一分不要（当时 180 元/年），全部分给这 8 个小组长，他们自己随便分。若收不上来集资，就扣他们的工资。 作业组轮流作业，若不出工则收罚金 20 元/天，雇其他人出工。1999 年历时 2 个月修好。
设施管护/维修	建成后，召开群众会议。"出 300 斤粮食，哪个来管？"村民老张自告奋勇："我来管！"获得大家同意后，老张任沟渠管理员，每年负责清沟一次。 300 斤稻谷由集体的机动田出。 新组长蒋家新负责抽水，监督由东风水库至提灌站段的放水情况。 村民按田块分布连片灌溉。全村 500 多亩稻田不到 1 个星期即可灌完。

沟渠建成后，从 1999 年至 2001 年，村民享用了三年东风水库的灌溉水。后因水库承包给私人老板养鱼，水源不足，加之上游沟渠坍塌严重，村民自建的这段沟渠被迫废弃。当地政府无力承担巨额的维修费用，现在牛安云的农田已无法得到水库的水源。到了插秧季节，村民多是抽团坡河水来灌田插秧，或者从水井里挑水浇田。

6. 滚塘组。滚塘的龙潭是滚塘村民组的主要灌溉水源。小山塘建于 1973 年，由生产队队长组织村民投工投劳修建而成。随后村民还自己修建了小型提灌站一座，选址就在山塘旁边，同时受益的还有凯佐一、二、三组和大补羊村民组的几户外村村民。山塘建好后，凯佐三个组的组长也参加了讨论会，会上讨论决定水费为 0.5 元/小时。集体时期由放水员和队长共同负责灌溉管理，灌溉以生产队为单位，按照地块分布从高到低的顺序进行灌溉。家庭承包经营以后，每隔几年选出两名管水员[①]，一位负责开票、一位负责放水，水费提成 50% 作为人员工资。一般都是年龄在 40—50 岁之间及以上的男性村民当选，理由是责任心强、有时间保证、有文化、懂技术等。放水按照开票的顺序，先来后到。

因管理人员的提成太低，2006 年当选的管水员要主动弃权，"群众选举了我不干，耽误干活，提成太低"。因此，村民开会同意将水费提高到 1 元/小时。在 2009 年 4 月 7 号召开的村民会议上，开票员和放水员又想把水费提高到 2 元/小时，寨里人不同意。这两位以罢工要挟，村长面露难色，一位有威望的村民老韦挺身而出："就算给我 3 角，我也干。"村长宣布还是实行原来的 1 元/小时。一致通过。会上，曾于 2004 年－2007 年担任开票员的老王[②]再次当选为开票员。所谓当选，其实就是乡亲们的共识，而非票决制。按照诺曼（Norman Uphoff and C. M. Wijayaratna，2000）在 Gal Oya 学到的经验，与匿名投票相比，由共识选出农民代表，使得他们更清楚自己对所辖渠系所有百姓的责任。

集体维修方面，滚塘村一直是整个乡镇集体灌溉可持续管理的典范。滚塘村在 1997 年集体修建分水沟，2006 年集体修建了水井，2009 年重建了主沟渠。将主要的不同点归纳为以下四个方面：需求发起、决策制定、资源动员和管理、工程实施和信息交流、冲突调解（见表 3—6）。2009 年的主沟渠重建，由工程队和村民共同重建而成，对于村民灌溉起着至关重要的作用。每年清明前夕，都会由组长组织村民集体清沟。每家一个劳力，不出工罚款（10—20 元/天）。每年都会有三四个不出工的农户，按照规定，这几户的用水水价是 "1.5 元/小时"。若因家里只有老人，则一般不会加收水费。凯佐组受益的 3 户有时会来参加清淤，但若不参加也不会加收水费（这几户的水费本来就是 "5 元/小时"）。

[①] 两名管水员提供了监督，若开票员开了 1 个小时，而放水员给了 2 个小时，被村民发现后则开除放水员或者补开水票。村民认为，这种监督方式还算有效。

[②] 老王，56 岁，2 儿 2 女。大女儿已出嫁，大儿子和小女儿在外打工，小儿子刚初中毕业，出去找不到出路，返回家务农。由于小儿子 2008 年外出，老王因农事繁忙辞去开票员。2009 年 4 月 7 号又重新当选。

表 3-6　滚塘组不同时期水利工程建设过程中的集体行动对照表

集体行动	1997 年分水沟修建	2006 年水井修建	2009 年主沟渠重建
需求发起	农科院课题组	村民	村民组长
决策制定	村民大会	村民大会	向乡政府申报项目
资源动员/管理	村民集资投劳＋农科院投资	村民集资投劳＋村委小额资助	完全由县水利局出资
交流/工程实施	全体村民分成两个作业组	核算后承包给本村人	工程经乡政府承包给外县人，后因赶进度组长带领几位本村村民加入
冲突调解/管理	两位村民质疑村民组长和会计，核查账目后方化解	无主要冲突	村民组长和几位村民质疑工程质量，自主前往施工现场监督工程进展

三、不同村组达成合作的七项原则

以上 6 个村民组为解决组内的灌溉难题，包括村民、村民组长、村委及乡政府、外来课题组在内的各主要行动主体在各组具体情境下，调动资源、制定并使用规则，达成了合作（见表 3-7）。其中包含了两个层面的集体行动：一是公共设施的供给中的集体行动；二是公共池塘资源使用中的集体行动。从 6 个案例所展示的结果来看，前一个供给过程均达成了合作，而后一个使用过程则情况各异。首先，分析供给过程中的集体行动，对照奥斯特罗姆对长期存续的自主组织和自主治理的公共池塘资源分析所总结的七项设计原则[①]（见表 3-8），6 个村民组在七项原则中均有不同形式的体现。具体包括以下几个方面：

1. 清晰界定的边界。主要是公共池塘资源的边界和被授权使用这些资源的成员边界。当地的灌溉水源以地表水为主，包括自建山塘、修建沟渠引水，也有购置抽水机、修建提灌站提取水库蓄水。6 个灌溉系统的集体行动单位均是围绕本村民小组所属的公共基础设施供给而展开。它为村民获取灌溉用水提供了一个"排外边界清晰、私人化管理成本又太高"的社区公共物品，而这也正是当地村民灌溉稻田生产所必需的资源。这种村民小组为基础的灌溉水源供给，有效避免了村与村之间的用水分配冲突。其他的灌溉管理需求，包括渠道维护与管理、村

---

① 第八项设计原则"嵌套式企业"（nested enterprises）适用于更大也更复杂的场景中，故在此不列入。

民用水纠纷、水费的制定和收取，皆有效地通过社区为基础的集体行动来达成或维持。进一步的对比分析发现：山塘受益成员辖全村民组成员，采取按田块面积集资投劳的方式，更易动员供给中的集体行动，也更易维持使用中的集体行动，如凯佐三组、滚塘组；抽水机与沟渠，所覆盖的受益成员与自然村成员边界不吻合，另外成员从中的受益程度不同，在动员集体供给方面相对困难。在村民小组长的强力领导下，或采取有区别的水价作为经济激励（如基昌组应对30位不参与成员），或采取非正式的制裁手段（如新寨院、牛安云组，近似开除"村籍"），均达成了集体共识。但在后续的资源使用中，合作难以维持。

2. 占用和供应规则与当地条件相一致。几种灌溉方式相比，无论是个体化的小型抽水机还是集体使用的大型抽水机，其使用规则相对简单。无论是采取有区别的水价或无差别水价，基昌组与凯佐三组均维持了资源使用中的合作行为，合作放水或共同维护山塘。相比之下，提灌站的管理更为复杂。大补羊组的案例中，起初采取村干部兼任、专人管理，后被迫转向个体承包管理，才能够平衡水费收入与支付管水员工资、开展维护活动的支出，同时又对管水员形成一定的参与激励。牛安云组的沟渠案例，则由于水源的权属复杂不清，受水源中断的影响，沟渠被迫放弃使用。但在沟渠建后的三年使用和维护中，集体投工投劳与连片灌溉等与当地条件相一致的规则，有效实现了资源使用中的集体行动的维持。

3. 集体选择的安排。以自然村为行动边界，参与成员不会超出自然村的范围。自然村作为村民生产、生活的基本单位，为集体参与制定规则并且达成共识提供了一个强有力的社会网络和合作基础。受操作规则影响的绝大多数人能够参与对操作规则的修改，保证规则得到执行和遵守。规则的执行与遵守：首先，群体的信任基础。滚塘组在2006年主沟渠塌方50多米，利用水库积累资金100元购买原材料，村民投工投劳（1个劳力/户），2天时间修好。当时已有不少年轻劳力外出打工，在家的就出工，不在家的也没有攀比，基于村民之间的信任基础。其次，群体的规模大小。牛安云组的案例中，领导者首先将作业小组划分为6－12户的小规模行动单位。再次，分层级的领导力，无论是牛安云组推荐选出的最缺乏威望的组长，大补羊组推选出的最具威望的寨老，还是滚塘组有威望的关键时刻挺身而出的寨老，都保障了与当地条件相一致的集体选择的达成与落实。另外，还需要有效的监督和制裁。

4. 监督。在设施供给和资源使用两类集体行动中，都需要对供给者或使用者的行为进行有效监督。大补羊组的案例中，村民组长兼任规章管理员，缺乏来自村民的有效监督，后更换专门的管水员。滚塘组的案例中，供给过程中的监督，主要体现在对财务和工程质量的监督方面。财务方面，1997 年集体修建分水沟时，有 2 户村民提出要查账，结果查了没有发现问题就服气了。大的账目由寨老王某作为工程管理员负全责，小的账目需要王某签字才能拿到钱。上级也不会随便下来吃饭，要吃也是在家里私人招待，不能动用工程一分钱。工程监督方面，雷管、炸药等危险品，由王某保管。每天分发给 2 个作业组，当天现发放，当天多退少补。炮声一响，王某开始计数，有几声代表放了几枚，作为监督。2009 年的修建工程，承包给工程队，但村组长还有几位四五十岁的男村民在施工的第一周几乎天天都去施工现场。后来因赶工期（在清明节灌溉前竣工），村民也参与到修建工程中，对质量监督也起到了保障。

5. 分级制裁。奥斯特罗姆提出由参与者自己实施的制裁，已经克服了占用者的二阶困境。当集体的目标已经实现，其他人也遵守规则时，是会愿意遵守规则的。在许多长期存续的公共池塘资源中，监督成本是低的。以上 6 个案例中，资源使用者与设施供给者重合，是最简单的集体行动单位，对于监督与制裁都由参与者自己实施，成本低、效果明显。在滚塘组的案例中，"共同但有区别"的水费收取标准不失为灌溉管理规则的执行提供了有效的制裁。与单纯收取罚金的制裁形式不同，这种处罚形式有效地将"经济制裁"和"声望/信誉制裁"结合了起来。每年秋收以后，开票员和放水员会共同张贴各户灌溉费用明细。每小时多收 0.5 元的水费，对违规农户来说，也会激发其"根据与他人收益（或成本）的比较，来权衡自己的行动"（贺雪峰，2006）。还有的组，如牛安云组，采取要求违规者放鞭炮等有损面子的制裁办法，充分体现了声望制裁的低本高效的优势。

6. 冲突解决机制。规则即便是集体选择的规则，成员之间的冲突还是难免发生。如果没有强有力的解决机制，则集体达成的共识很难维持下去。在牛安云组的案例中，对于破坏者，新任领导采取以恶制恶的办法，有效转化了"敌我"身份，将不合作者置于领导者的位置，利用村庄的信任基础和社会网络，形成有效监督与约束，视为冲突解决的低成本机制；在大补羊组案例中，由于缺乏有效的监督和对搭便车者的制裁，无法有效化解使用者之间的冲突，最终走向了个体承包制的管理方式。其后同样基于村庄的社会网络，"人情面子"成了妨碍收取罚金的原因，而非防止搭便车者出现的保障。这两种差异背后，一个可能的解释就是第七项设计原则。

7. 对组织权的最低限度的认可。在所有 6 个案例中，村民对于村民小组的认可胜于对行政村的认可。主要原因有三：一是人民公社时期以生产队或生产小队为单位的生产方式，生产了以村民小组（生产队）为单位的集体行动的传统。

其他生产活动乃至社会活动都采取了"队为基础"的集体行动方式，比如集体放牛、集体放水、清明挂山、大年三十上午的全寨大扫除，以及三月三集体抬龙船等。二是划定了集体行动的单位。村民在生产队（村民组）一级密切互动的基础上产生了强烈的认同感。大集体时期以生产队为单位兴修小型农田水利工程（如山塘、沟渠等）或其他村庄公共设施的这段历史，为当今村庄层面上的集体行动划定了清晰的行动单位边界。三是特别强调的是一致性的领导力，以及外部权威或参与者的角色，比如当地政府、农科院课题组，在各村民小组的案例中都有介入。在以上6个案例中，均体现了村民小组长作为主要领导力的作用，领导力的一致性在奥斯特罗姆的研究中被视为与信任、声誉同等重要的关键因素。在牛安云组案例中，乡政府及时更换村民小组长，重新任命新的领导力。在几个村组中，课题组协调村民参与公共事务，提供财力支持的同时，给予集体选择规则的合法性的认可。

表 3－7　集体行动视角下的社区灌溉案例一览表

案例社区	灌溉水源	公共设施	相关行动者	系列性的互动过程	达成冲突或合作
凯佐一、二、三组	黄家寨水库	山塘	村民、队长、妇女	集体修建提灌站－集体管理－集体维修－小抽水机单独灌溉	达成合作
大补羊组	本组水井	提灌站	村民、队长、课题组、管水员、承包人、村庄能人	集体修建提灌站－集体管理－承包个人	达成合作
基昌组	麻线河	抽水机	村民、队长、乡干部	集体购买抽水机－集体灌溉（"两部制水价"）	达成合作
新寨院组	本组山塘	山塘	村民、队长、课题组、乡干部	集体修建牛塘－需求表达和动员工作－工程实施	达成合作
牛安云组	东风水库	沟渠	村民、队长、妇女能人、村干、课题组	集体修建沟渠－集体农田灌溉	达成合作，后中断
滚塘组	龙潭	山塘、沟渠	村民、队长、妇女能人、村干、课题组	集体修建山塘、沟渠－集体农田灌溉	达成合作

表 3—8 凯佐乡不同村民小组灌溉供给七项设计原则对比表

	清晰的系统与成员边界	木土化的占用和供应规则	集体选择的安排	对使用者和资源的监督	分级制裁	冲突解决机制	对组织权的认可	制度绩效
凯佐一、二、三组	是，正式	是，非正式	是，村民参与	是，正式	是，正式	是，非正式	是，正式	稳健
大补羊组	是，正式	是，非正式	是，村民参与	是，非正式	是，非正式	是，非正式	是，正式	稳健
基昌组	是，非正式	是，非正式	是，村民参与	是，非正式	是，正式	是，非正式	是，正式	稳健
新寨院组	是，正式	是，非正式	是，村民参与	是，正式	是，非正式	是，非正式	是，正式	稳健
牛安云组	是，正式	是，非正式	是，村民参与	是，非正式	是，正式	是，正式	是，正式	稳健
滚塘组	是，正式	是，正式	是，村民参与	是，正式	是，正式	是，正式	是，正式	稳健

四、集体行动成功的关键解释变量

对比曾集镇和凯佐乡的案例，面对同样的外部环境变迁：在这场管理体制变革中，当地政府是缺位的，市场化的供给部门和农民参与的用水户协会并未得到发育。① 但是与曾集镇不同的是，过去行政主导的集体灌溉在凯佐乡并未走向解体，农民自组织的灌溉设施供给、维护与灌溉管理模式得以维系。本节利用 SESs 框架的编码，通过比较曾集镇与黄家寨这样两个集体灌溉走向失败与成功的案例，识别出影响系统集体行动得以维持的关键变量。对于集体行动的界定，主要是产权归属在本地的灌溉设施的供给，以及灌溉用水资源的使用这样两个环

---

① "负责管理水源工程和骨干渠道的供水公司"是享有独立管理权力、自负盈亏的非政府经济实体，一般设在县市级以上。而单凭黄家寨水库的灌溉能力显然不足以供养这样一个经济实体。

节。而对于黄家寨水库这类权属非当地所有的设施供给环节①则不包括在内。与曾集镇案例相比，在行动者子系统（A）和治理子系统（GS）中，凯佐乡的各项关键变量指标差异显著（见表 3－9）。

首先，来看灌溉水资源的使用环节。第一，在"对水源的控制"②环节。对于供给者与使用者完全重合的 6 个村民小组为基础的山塘灌溉系统而言，村民在村民小组长的领导下，共同参与制定规则，由本村组负有声望的寨老或前任村干部充当管水员（放水员、开票员），体现了在此类简单系统中对水源控制的"A5.1 正式性领导权"和当地的共享社会规范、社会资本（A6 信任与互惠机制）所发挥的不可或缺的作用。另一类，对于供给者与使用者并不重合的黄家寨水库而言，由乡政府（开票员③）、凯佐组村民（放水员）以及凯佐组退休村干（提灌站管理员④）共同控制水源（A5.1 正式性领导权）。放水按照"开票先后"（A7.1 灌溉共有的现代知识），这一规定与用水户协会的通用规则一致（即市场机制的原则），而"抓阄"或"按地块分布"等传统放水次序（A7.2.1）不再采用。气候正常的年景，老百姓对乡政府开票的认可度还可以。第二，"引水到田间作物和排涝"环节，罗伯特（Robert Wade，1988：74）在印度的深入研究指出，该环节的主要任务是为村庄争取更多的灌溉水、将水分配到各户田地、以及解决用水纠纷。黄水库及 6 个村民小组的案例中都出现了以十几户至几十户不等规模的集体灌溉，根据放水便宜性来确定行动单位的边界，有关巡水、守水、放水次序、水费计算等规则均是小组内的所有农户共同商议的结果，不受乡村两级行政权力的制约，农户能够参与对规则的修改（GS5.2 集体选择的规则）。面对

---

① 灌溉供给环节，黄家寨水库并未出现农民集体行动。如上节所述，目前我国灌溉供给已进入第三个阶段，国家自上而下的工程投入通过公开招标的方式，承包给私人部门施工，缺乏来自农民协会的监督，导致工程设计与当地条件不一致、施工时间与用水需求冲突、工程质量不合格等问题层出。在黄家寨水库的加固工程中，出现的问题雷同。篇幅所限，不做赘述。莫斯（Mosse，2003）在对印度南部村庄的研究后也发现，当地农民的集体行动都是发生在像"用水分配""渠道维护"等具有季节重复性的、对种植十分重要的环节。而像水库修建、水库维修或维护等非重复性的环节，则是留给了国家或者当地的统治者。

② 按照凯利（Kelly，1982）的划分，灌溉可以分为四个步骤：对水源的控制（控制出水口）、将水放到地头、从地头灌溉到田里作物、以及排涝。在每个阶段，又有几项任务：工程修建、工程维护、工程运行、分配水资源，还有调解用水冲突。

③ 黄水库的开票员是负责计生工作的副乡长，工资由县财政支付，无需"另开炉灶"。乡水利服务站也只有一名工作人员，不属于公务员（不在编制），自负盈亏。

④ 放水员和提灌站管理员都是当地农民，从水费中收取提成当工资，并没有专门的工程维护资金。

"交流成本"难题（曾集镇案例），在黄水库的案例中，同样出现了"优势集团转嫁给弱势集团"的机理，这里的优势和弱势之别，主要体现在地块分布而非经济依赖度方面。即，在几十家集体灌溉的行动者子系统（A）中，田块离提灌站和水库最远的一户被指派负责管水，包括开票、放水、提水、收水费。之所以弱势集团没有退出，离不开当地的共享社会规范、社会资本（A6）和领导权（A5）。6 个村民小组的案例可以看出，在各村民小组长的组织下，农户参与投选出信任的管水员，从水费中提成一部分用于支付管水员工资，水价的标准也由农户参与制定。黄水库的案例中，管水员老王是德高望重的退休村干部，由乡政府指派担任（兼具 A5.2.2 领导力的社会声望和 A5.2.3 领导力由体制内精英兼任两个指标）。并且组织过成功的集体行动（A6.1.1）。"传统权威""乡土知识"或"乡规民约"等传统力量在涉及监督（GS6）和制裁（GS7）中仍发挥主要作用。非经济制裁或"面子制裁"，如惩罚违规者在村里放鞭炮等都是行之有效的办法。此外，不仅灌溉管理，当地还有专门针对田土生产管理的乡规民约，成员间的帮工、换工（A6.2.3）很常见。

　　其次，来看灌溉设施的供给环节。在 6 个村民小组的案例中，设施供给中的集体行动基本符合奥斯特罗姆的七项设计原则。以村民小组为单位的清晰的系统与成员边界（GS3），提供了一个信任和互惠的、具有共享社会规范和社会资本的社区基础（A6 集体行动的基本单位）。村民小组长的角色，对于维系村民对组织权的最低程度的认可至关重要（A5）。曾集镇的集体灌溉走向解体，一个突变点就发生在 2006 年取消村民小组长之后。在村民小组这个行动单位中，对使用者和资源的监督、分级制裁、冲突解决机制等一系列规则的执行（GS5、GS6、GS7），也都离不开强有力的领导力和村民的参与。在黄水库案例中，提灌站的看护房倒塌后，相关行动者达成了一场成功的集体行动实现重建。一开始，放水员老王向村干部提出了维修需求，村干部上报乡干部，乡干部同省农科院课题组商议。课题组在该乡开展了历时 13 年之久的"社区为基础的自然资源管理（CB-NRM）"参与式发展实践，期间，以村民组为单位协助农民开展了许多水利新建或维修的项目，视为积极的草根行动者主体。国内学者提出"草根动员模式"来解释农民的集体行动，国外有学者最新提出"边界组织"（boundary organization）的概念，强调其作为"调停人"的角色，帮助提升弱势集团在谈判中的不平等地位。本研究认为，在提灌站维修的案例情境中，将课题组视为"边界组织"更具解释力。一年后，在课题组的主持下，以召开村民代表大会的形式，同农民讨论需求并对维修方案达成共识。村民们一致认为，"当务之急是尽快修复提灌站，这是关系到 148 户农户吃粮的重大问题。"农户愿意集资（10 元/户）、投工投劳，共集资 1400 元，同时向课题组小项目资金申请 2300 元资助。参与农户的界定，则是根据在提灌站修建之初，参与投工的凯佐一、二、三组的组民而定（尽管提灌站所惠及的农户范围超出了这三个组）。1976 年，这 3 个村民组集资、农户投工投劳建成了该提灌站。建成后，这 3 个组的村民成为"入股"的股民，享受"内部水价"。[1] 如此便形成了一个仅涉及 3 个村民小组的责任共同体（A6.3），为工程维护提供了一个清晰的生产单位边界（A6.3.1.1），其中成员间差别的梯度水价（A6.3.2.1）成为一个重要的激励变量。在课题组的指导下，受益的农户划成 6 个施工小组，各组推选 1 名组长，成立工程实施管理小组。没有参加投工投劳的农户，每天交纳 25 元的误工费，由管理小组统一收存，作为日后的维修费用。财务管理实行报账制，每张票据必须 2 人经办，2 人代表证明方可作账，账务用红纸列项张榜公布。日常灌溉分工明确（GS2.3.3.3），维修中合作机制（GS4.2）有效发挥。项目结束后，承包给专人管理，市场机制发挥作用（GS4.1.3），承包者从水费中提出 10％作为管理费和维修费。

表3-9　黄家寨与曾集镇灌溉系统的关键变量指标比较

变量指标	凯佐乡	曾集镇
集体灌溉成功与否	成功	失败
资源系统（RS）		
RS3：资源系统范围	中	小
RS6：设施供给可预测性	中	低
RS7：资源供给可预测性	中	低
资源单位（RU）		
RU2：资源单位可取代性	高	高
RU3.1：层级间互动性	高	低
RU7：资源时空分布的异质性	高	高

---

[1] 放水灌溉：入股的农户 1 元/小时，未入股的农户 2 元/小时；提水灌溉：入股的农户 20 元/小时，未入股的农户 30 元/小时。

续表

行动者系统（A）		
A1：行动者数量	低	高
A5.1：正式性领导权	存在	缺失
A6：共享社会规范、社会资本	存在	缺失
A7.1：灌溉共有的现代知识	缺失	缺失
A7.2：灌溉共有的传统知识	存在	缺失
A8.1：经济依赖相关度	高	低
A8.2：文化依赖相关度	高	低
治理系统（GS）		
GS2.3.1：水平治理架构	缺失	缺失
GS2.3.2：垂直治理架构	存在	缺失
GS3.1：正式认可的产权	缺失	缺失
GS4.3：传统机制	存在	缺失
GS5.1.1：制度性规则的执行度	高	低
GS5.2.1：集体性规则的交流成本	低	高
GS6：监督	存在	缺失
GS7：制裁	存在	缺失

第三节　走向自主治理的用水户协会型集体灌溉

三干渠协会的案例主要会回应的理论问题是：在外界强加规则等条件变化下，引入新的治理安排和使用模式所带来的可能的内生发展，自变量包括一套治理的规则、权属、资源系统的使用等。基于 SESs 框架，分析协会模式下的农民集体灌溉何以能够维系，是本案例回应的问题。重点关注如何形成集体选择的规则并有效执行，协会如何使农户的用水充足性持续提升又能节约灌溉成本等。数据来源依托笔者所参与的"面向贫困人口的农村水利改革项目生计影响研究"，属于世界银行/英国国际发展部联合委托项目。2007 年－2008 年间赴湖北东风灌区开展的三次调研数据，包括：定性访谈若干次，2007 年 4 月 15 日，2008 年 1

月 28 日，东风灌区三干渠用水户协会座谈会，东风灌区灌溉管理局访谈，1 月 30 日湖北省水利厅访谈；2008 年 9 月 4 日，东风灌区用水户协会发展情况干部座谈会。问卷调查，2008 年 1 月末，课题组赴湖北东风灌区做预调查，修改农户调查问卷和协会主席调查问卷，2 月份农户调查问卷定稿。4 月上旬赴东风灌区进行调查，在东风灌区未按照计划选取两个协会，只选择了灌溉类型为渠灌的三干渠协会，主要因为湖北灌区的灌溉类型全部都是渠灌，三干渠协会非常大，灌溉面积包括 4 个乡镇涉及 18 个行政村，在协会内部选择了上游农户和下游农户，共收集 98 份农户问卷，有效问卷 95 份。

一、灌溉系统的生物物理条件

三干渠农民用水户协会，隶属于湖北宜昌市东风灌区当阳玉泉办事处。受世行贷款项目一期、二期资助，协会成立于 2000 年 8 月。东风灌区位于长江流域，是 1995 年建立协会的首批试点区，协会位于当阳市城区西北部，所辖范围属丘陵向山区过渡地带。除了水稻种植外，蔬菜种植面积达到 2 万亩，柑橘面积达到 2.3 万亩。2011 年农民人均纯收入 9311 元。当阳市属亚热带季风气候，为湿润区，四季分明，雨热同季，气候温和，日照充足，兼有南北过渡的特点。历年平均总降水量 993.7 毫米，雨量充沛，且多集中于夏季。平均降水日数为 120 天，降水多发生在 6—7 月份，故能满足农作物所需水份。

协会成立后，用水户由 1271 户增加到 3543 户，灌溉面积由 6192 亩增加到 25000 多亩，年收入由负的 1.5 万元增加到 11 万元，实现了协会自身的良性循环。协会成立以来组织整修小型水库 9 座，垮方 18 处，重建明函 12 处，改建闸门 33 处。渠系水利用系数由 0.4 提高到 0.7 以上，灌溉保证率由 60% 提高到 90%；新增灌溉面积 5500 亩；改善灌溉面积 6800 亩，改善排涝面积 14500 亩。同时，通过渠道的硬化改造，减少渗漏，提高水的利用系数，节约水资源，缩短用水周期，降低用水成本，有效解决了农民用水难，成本高，水费费负担重的问题。协会亩均用水由以前的 400 方下降到现在的 300 方，水费由原来的每亩 14 元下降到 11 元。辖区内的粮食生产能力提高 10% 以上，增产 2800 吨，农民人均年收入增加 300 元以上。除了协会自身的设施供给投入外，东风灌区管理局积极协调各涉农部门，将水利、农综开发、国土整理等项目资金进行整合，把协会末级渠系的建设与农业综合开发、灌区续建配套节水改造、国土整理和新农村水利建设及农民筹资投劳等有机结合起来，全方位开辟项目来源和筹资渠道，加快协会末级渠系配套建设。

二、用水自主治理的协会组织

作为一个农民合作管水的正式组织，中国的农民用水户协会是个舶来品，当然这并不是否认我们历史上的农民合作管水的实践。[①] 这里想要强调的是，与国际上参与式灌溉管理的实践相伴而生的 WUAs，何以在中国灌溉管理体系的变革中得一席之地并推而广之，用水户协会的引入到底带来哪些改变。根据 SESs 框架的编码，分别从资源、公共设施、资源使用者、公共设施供给者四个维度，以三干渠协会为例进行阐述。

如本章第一节所述，进入 2000 年以来，我国农村灌溉系统普遍面临的两大集体行动困境：一是水利设施供给困境，特别是大中型水利设施。水库供给主体运行不善，村组作为末级渠系供给主体的功能发挥失常，成员退出、系统灌溉面积锐减，原有边界不再得到共同认可。二是灌溉资源使用困境，集体灌溉方式遭瓦解。农户破坏公共设施、户间用水纠纷时有发生，作为集体灌溉单位的村、组两级行动主体间的信任与互惠机制遭破坏。三干渠用水户协会作为小农水的管护和供给主体，配套实施大中型水利修复工程，重新搭建链接（见图 3－2），解决工程修建维护中的"搭便车"困境和资源使用中的过分占用或过度获取困境。

图 3－2 中链条 4、5 的硬件设施与链条 3 的软性规则共同影响着哪些农户分配的水量多少和用水及时性。其中，链条 3 代表设施供给者通过设施安排决定获取水资源的人、量和时间；链条 4 代表资源可获取性取决于设施质量与维护状况；链条 5 代表灌溉系统的水流进一步影响水分配规则。如上节所述，链条 4、5 的恢复得益于协会自身的建设投入（链条 2），以及东风灌区管理局积极协调各涉农部门开展末级渠系配套建设的投入（链条 3）。即设施状况是否持续改善，在奥斯特罗姆后期（2009）的研究中，将其界定为影响灌溉管理绩效的一个重要自变量。链条 1 和 6 涉及建和管两个环节的规则类型，一类是政府或专业机构作为供给主体所制定的制度性规则，另一类是农民用水户协会作为供给主体所指定的集体选择的规则。三干渠协会成立后，召开会员代表大会通过了《协会章程》，制定完善了《工程管理制度》《灌溉管理制度》《财务管理制度》《协会奖惩制度》

[①] 如建于南宋的浙江丽水通济堰灌区，就采取由用水户公开选举"堰首"来全权负责并组织灌区灌溉用水和工程的管理。1218 年由用水户自建自管的山西洪洞县通利渠，"渠长"也由灌区农户选举产生，负责组织用水户自主管理灌区。明清年代都江堰灌区的"堰工讨论会"，以及很多大中型灌区民选的"斗管会"等等，都具有用水户参与灌溉管理的性质。

和《工程维修筹资办法》，明确用水户的责任和权利。

协会改建闸门33处，闸门的开放和关闭涉及到农民对制度安排的适应性。三干渠协会以村民小组为单位计量用水，集体放水灌溉，根据需要轮次放水。如此既维护了用水单位、渠系规划与村民小组的边界一致性，又能有效利用村民小组内部共享的社会规范和社会资本。利用协会的领导力、信任与互惠机制，农民用水户参与制定规则，以解决"非对称性动机"的问题。农户与协会在集体灌溉规则制定中的参与程度，见表3－10。根据奥斯特罗姆对规则的类型划分，三干渠协会制定的规则主要包含以下方面：

1. 位置规则：三干渠协会的用水农户，自三干渠协会2000年8月建立以来。

2. 边界规则：协会会员必须是协会所辖行政村、村民小组的成员。

3. 选择规则：农户放水可以以村民小组为单位，可以十几户联合，也可以个体放水，采取"先申请、先放水"的原则。对于拖欠水费的农户，采取同村民小组连带受制裁的原则；同样，对于完成任务较好的用水组，由协会在年度会员大会上表彰，同时给予500元现金奖励。

4. 范围规则：用水户无论地块处于上游、下游，无论来自大村、小村，无论是在丰水年还是枯水年，无论采取轮灌还是普灌，水价维持稳定不变。

5. 信息规则：用水户的水费坚持公开计量，合理收费。协会在支渠上修建量水堰，明确专人与用水农户一起定时测量水位、流速，做到计量到用水小组。协会的运行经费，也做到公开公示。

6. 交易规则：一是放水公平有序，采取"先申请、先放水"的原则；协会将"只奖不罚"的规则修改为"奖罚分明"，对不能按质、按量、按期完成维修任务的情况，由责任用水户按工程任务的1.2倍劳力折价缴纳罚款，由协会统一安排完成。二是以奖励政策激励管水员。村民刘某是玉泉水库的护堤员，一年的奖励金有：监督砍草100元，监督堤上放牛200元，治理小型塌方200元，参与防汛抗旱300元。完成这些职责，协会每年奖励800元的管护费。

7. 聚合规则：一方面，扩大服务范围，为所在地的企业和养殖户供水增收。当地的玉泉水产协会共99户，被用水户协会兼并，会长由用水户协会的黄主席兼任。水产协会会员向用水户协会购买用水，实行有差别的水价，为用水户协会创收。另一方面，在租赁荒山30余亩、兴建渔池20亩、从事种养殖业的同时，将周边的养殖户组织起来，成立用水户协会下的养殖分会，协会统一销售饲料、鱼产品等创收，靠兴办经济实体，全年共可筹集管护经费5万多元。

表 3—10　三干渠农民用水户协会决策参与度评估表

	没有参与	通知了协会	协会参与讨论	共同决策	协会自主决策	得分
用水分配计划	0	1	2	3	4	4
协会层面的用水分配	0	1	2	3	4	4
作物种植模式	0	1	2	3	4	4
人员配置	0	1	2	3	4	4
工程维修	0	1	2	3	4	4
水费收缴与使用	0	1	2	3	4	4
工程修复和改进	0	1	2	3	4	2
财务支持	0	1	2	3	4	2
其他管理规定	0	1	2	3	4	4
支持性服务的获得	0	1	2	3	4	4
总计 36						

注：以协会小组座谈会的形式，由成员给各项打分后加总。

三、协会成功运行的关键解释变量

本节将结合 SESs 框架编码，分析协会的领导力、信任与互惠机制共同作用下，农民用水户参与制定规则，以解决两大集体灌溉新困境的实践逻辑和运行机理。三干渠协会是渠灌系统，资源系统覆盖（RS3.1）4 个乡镇、18 个行政村，用水户的社会经济属性复杂程度高，且过去纠纷事件不断，渠系管道遭偷盗时有发生。协会成立后，灌溉设施引水和蓄水承载力的提高（RS4.1 和 RS4.2），总灌溉面积（RS3.2）由 6192 亩增加到近 30 万亩。协会边界并非固定，而是呈扩张趋势（RS2.2）。用水可预测性（RS7）高，用水户对设施的反馈积极（RS6.3）。三干渠协会，为研究提供了一个具体的、情景化的分析案例。

首先，从行动者子系统（A）来看（见图 3—3）。协会引入中国后，协会领导由村两委等体制内精英兼任的情况十分普遍。三干渠协会也不例外。主席是经由县水利局、民政局提名（年龄、文化、水利专业是三项条件）、村民投票选举产生的。当选的协会主席是乡镇水管站退休人员，选举组建了执委及监委，组织分工明确。[①] 11 个执委分别由 11 个行政村的村两委领导兼任，56 个用水小组组长基本以自然村为单位划分，由各组有威望的小组长担任，即核心领导力是由体

---

① 　主席负责全面管理、人事任免权；副主席负责工程管理与建设；外聘财务与技术指导。

制内精英兼任（A5.2.3），且由民主选举产生（A5.3）。监委会的设立提供了一个监督协会领导的机制（A5.4）。除领导力（A5）外，奥斯特罗姆在最近的研究中强调了信任、声誉与互惠机制的重要性，并指出它来自于人际网络（Ostrom，2008）。其中，农户的参与是建立起协会内部的信任度（A6.1）的关键，CPRs团队在尼泊尔的研究也指出参与程度是协会间绩效差异的重要因素。在动员农户参与方面，协会通过公开内部信息（A6.1.2）、经济激励（A6.1.5.1）和弱势群体动员（A6.1.5.2）等手段，组织农户参与工程修建、参与决策工程开支和优先序、参与组织监督，并组织过成功的集体抗旱、抗洪行动（A6.1.1）。如2007年的集体抗洪[①]、2011年的集体抗旱[②]。对于参与的经济激励（A6.1.5.1），协会将"只奖不罚"修改为"奖罚分明"，且以组为单位：对不能按质、按量、按期完成维修任务的，由责任用水户按工程任务的1.2倍劳力折价出资由协会统一安排完成（GS7.1）；农户拖欠水费，其所在小组用水都要受到牵连（GS7.1）。对完成任务较好的用水组，则由协会在年度会员大会上进行表彰，同时给予500元现金奖励。这样以用水组为单位的奖惩制度，实质上是小组作为责任共同体（A6.3）的重构。从参与主体来看，培训留守妇女参与工程管理和监督已经成为一项重要内容。妇女已参与了协会70％以上的工作（A6.1.5.2），包括维修渠道工程、缴纳水费等，因此妇女对于承包渠道更有拥有感（A6.3）。目前56个用水小组组长中女性占12名（A5.3）。在动员集体参与的过程中（A6.1.3），重建协会内部的信任度（A6.1），提升了协会成员间的互惠度（A6.2），如节约灌溉成本（A6.2.1），亩均水费由80元下降到11元；减少灌溉纠纷（A6.2.2）。2000年协会成立前，金山（下游）、苗平（上游）两相邻村，因上游截留用水，两个村庄之间曾发生械斗事件，金山村一名妇女喝农药自杀。协会成立后，运行规则得到执行，渠系改善后放水时间缩短，用水纠纷大大减少；帮工、换工的传统开始恢复（A6.2.3）。不仅如此，协会还实行兼顾公平的用水差价，分别体现在上下游的差别水价（A6.3.2.1）以及对贫困农户的优惠水价（A6.3.2.2）。对于协会的特贫困户，规定参与冬季工程维修，减免其水费。但决议由执委内部决

---

① 2007年7月11日至12日，当阳市遭受到历史上罕见的特大暴雨，降雨量达200多毫米，协会所属渠道水毁严重，出现了12处山体滑坡，2处渠道溃口，为保证农田灌溉，协会组织100多劳力，对水毁工程进行了临时整治。汛期结束后，协会又及时召开执委会和会员代表大会，研究对水毁工程进行彻底整治，一致通过按受益田亩筹资，对水毁渠段进行硬化，对山体滑坡处进行挡土墙衬砌。

② 2011年当地旱情特别严重，田里太干，早稻插不下秧，有关部门负责人也多次来指导抗旱，协会积极组织生产自救，从堰塘、水库中引水灌溉，保障了粮食的安全。

定，不对农户公布，以免相互攀比。

其次，从治理子系统（GS）来看（见图 3—4）。协会成立后，历经了 3—5 年的时间，才逐级建立起农户对协会的参与和拥有感。目前协会仅在工程修复与项目财务方面缺乏自主决策权，其他八项均是自主决策。实践中，自上而下的产权转交（GS3.1）和市场化引入"水是商品"的规则（A7.1.1），并非一项静态的规则设计，也非一蹴而就的规则引入，协会高度自主治理的关键是规则的可执行性（GS5.1.1）。农户的传统观念认为，"渠道是老祖宗修的，水是天上下的，不该掏钱"。三干渠协会成立后，除了举办大量以宣传培训为主要形式的能力建设（GS2.1），治理架构（GS2.3）和集体制定的规则（GS5.2）是增强规则可执行性的关键（GS5.1.1）。作为一个正式的用水组织（GS2），协会组织的分工明确：管理层（GS2.4.1）由主席负责全面管理、人事任免权；副主席负责工程管理与建设；技术层（GS2.4.2）外聘财务与技术指导；日常灌溉（GS2.4.3）则是以行政村为单位，负责各自村庄的渠道维修、灌溉管理；以自然村为单位，成立正式用水小组，小组长受协会会长监督。农户参与制定规则方面（GS5.2），协会章程由执委拟定后召集用水户代表开会，即集体选择规则的交流成本（GS5.2.1）由协会承担。如需修改，则先要通过用水小组组长同意，后得到 60%—70% 的老百姓同意方可。迄今已修改的规则（GS5.2）充分体现了与当地条件的一致性，具体包括：（1）加大对违规者的制裁力度（GS7.1.1）。对于破坏渠系者的监督，主席任命该村的地痞来负责，"先把最坏的同化了，让邪气变正气，利用他尚存的威望"。暴力强制（GS4.4）保障了制裁的可执行程度（GS7.2）。村民参与制定的规则中，提出加大制裁的标准。协会成立前，盗窃管道卖铁的，被公安部门处以千元罚款，不及卖废铁的二三千元。新的规定中，对偷盗者处以五千元罚款，真正发挥了制裁的作用。（2）"一事一议""谁受益，谁负担"的市场化运行机制（GS4.1）更改为"谁种田、谁负担"的合作机制（GS4.2），以防农民"钻土地流转的空子"。（3）渠系工程的维修及管护（RS6），干支渠落实 5 名专门管护人员，斗农渠划段分包到户，发挥合作机制（GS4.2.4）的作用。（4）赋权给用水小组组长，负责收缴水费，组织的日常灌溉分工明确（GS2.4.3）。

再次，从治理子系统（GS）与行动者子系统（A）的互动来看（见图 3—5）。协会成立之初最大的问题是作为公共池塘资源的灌溉基础设施的集体供给（RS6）。渠系老化、漏水严重，除了项目投入外，协会的运行状况或者说收支盈余（GS2）是影响农户的用水充足性持续提升（RS7）和灌溉成本节约的关键

（RS4.3）。作为一个农民合作灌溉组织，即便有政府或项目的短期财力支持（GS1.3），它的非盈利性成为影响协会运行的制约（GS2）。三干渠协会主席的企业家精神（A5.2）成为关键的变量指标，使得市场机制（GS4.1）在系统中发挥重要作用。在农民合作组织（主要是经济性）的研究中，企业家精神作为"合作组织产生的必要条件"（苑鹏，2001）被广泛讨论。但作为非经济性的合作用水组织，企业家精神也至关重要。协会主席总结了协会收入来源的"四个一点"：政府要一点（GS1.3）、农民掏一点（A6.3.2）、企业敲一点（RU3）、自己筹一点（RU4）。主要收入还是靠自筹，包括：一是，在地方政府的支持下，将1座小一型水库交由协会承包经营（GS3.2），将水系网络下的1座小一型水库和6座小二型水库实行统一养殖技术服务（GS3.3）。兴建渔池20亩，从事种养殖业，另外，还积极开展为会员提供农资、农产品的销售创收，协会对农户技工的技术可获取性高（A9.1.2），农户对资源的经济依赖相关度高（A8.1）。二是，承包工程施工创收。协会治理架构层级分明，分工明确（GS2.4.1），由协会自身对其所属的小型水利工程整治维修，自行组织施工。指导施工由协会水利专业技术人员负责，协会执委和主席承担组织协调工作。三是，新增服务项目创收（GS4.1.2）。协会在满足会员农业灌溉用水的前提下，通过向所在地的企业和90多个养殖户"卖水"。还把这些人组织起来，成立了用水者协会下的养殖分会，协会统一销售饲料、鱼产品等，每年可增收3万多元，一库"死水"变成了"活水""生财水"。创收利润用于渠道日常维修管理、协会执委误工补助和工程兴建配套。

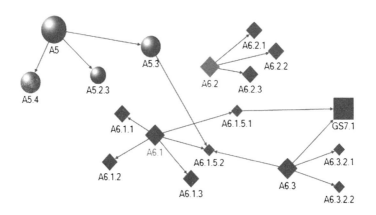

图3—3　三干渠协会行动者子系统关键变量可视化网络图

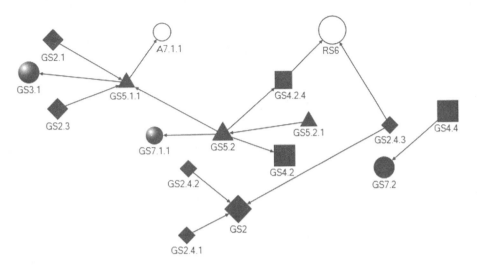

图 3—4　三干渠协会治理子系统关键变量可视化网络图

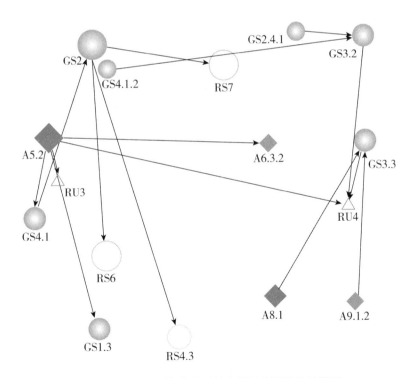

图 3—5　三干渠协会子系统变量互动可视化网络图

第四节　集体灌溉管理模式的走向与关键变量

一、集体灌溉管理的三类走向

奥斯特罗姆的八项设计原则一直以来饱受诟病之处是，"工具化的或去背景化的利用历史"之嫌，缺乏对国家在公共池塘资源治理中的制度性安排和角色的关注（Agrawal A.，2014）。进入灌溉设施的开放性竞争供给时期以来，市场化和参与式灌溉管理体制变迁并非是一蹴而就、全面开花。从政策过程的视角来看，灌溉管理制度变迁本身就成为一场多行动主体通过互动协商达成集体行动的过程（王晓莉，2010）。一项研究（Mansbridge，2014）提出国家扮演的四个主要角色，提供一个强制性的协商平台、提供信息、协助制裁和监督。国家在这场灌溉管理改革中的角色就是，当地方无法自发达成协商共识时，提供一个强制性的解决方案。实践中，政府扶持协会发育，并进行工程产权转交的改革，就是提供了一个强制性（自上而下）的解决方案。在这个方案中，政府向协会的组建和运行提供所需的资源，如人力资源（提供培训）、财力资源（办公设备）、工程资源（农田水利建设补助）是一项重要前提。从政策执行的视角，王亚华（2013）提出"层级推动—策略响应"模式，认为"在自上而下层层推动之下，基层政权组织策略性地完成上级政策，同时也契合当地实际和满足自身利益"。

自上世纪 90 年代中期引入我国，在国际机构的项目推动下，用水户协会逐级引起中央高层关注，并于 2000 年以后频频出现在政策文件中。[①] 在各地实践中，农民用水户协会的内涵和实际组建过程不尽相同。全志辉（2005）曾总结过国内用水户协会组建的特点："协会由政府和专业水利部门大力推广，而不是农民自发成立。"一方面，农民在协会的组建、运行和灌溉管理环节缺乏实质性参与，国内既有研究也普遍指出这一点。一般而言，协会有较长的灌溉历史、农民拥有明确的产权并能参与到制度安排、集体决策、运行规则的决策中，更易形成有效管理（Ostrom，1992）。另一方面，国家尝试将支渠及以下的末级渠系等小

---

① 2002 年，国务院 43 号文《关于水利工程管理体制改革实施意见》中提出"小型农村水利工程要明晰所有权，探索建立以各种形式农村用水合作组织为主的管理体制"。2004 年，国家农发办〔2004〕48 号文指出"积极推行用水户参与灌溉管理模式，配备必要的量水设施，按用水量和核准的水价收取水费，以管理促节水"。2005 年，国务院正式出台《关于加强农民用水协会建设的意见》502 号文。

型农田灌溉设施的管护成本移交给协会，导致农户的资源使用成本（水费）的提高。根据道格拉斯（Vermillion Douglas L.，1996）在菲律宾等地的研究，用水户的直接费用可能增加 20%—70%，甚至更高。一项 2006 年的研究，评估来自 28 个不同国家的 46 个案例，其中，33 个案例中政府的灌溉投入下降，但有 21 个案例中农民的用水支出提升了（Adhikari Bhim，Jon C. lovett.，2006）。本研究在新疆、湖北、湖南的调查中也发现，农户水费上涨的情况十分普遍。当前研究对协会运行不佳的解释，多集中在机构和转权改革不彻底、对农民的经济激励不足等方面，缺乏对于农民集体行动影响变量的关注（Ruth Meinzen-Dick，2007）。

本章选择的三个案例分别代表了三种集体灌溉的走向：第一种是集体灌溉走向解体，新的个体化灌溉方式涌现，如曾集镇案例。通过分析特定社会、政治环境变迁下背景下，子系统之间互动的模式和结果，识别出导致集体灌溉失败的关键变量。在曾集镇案例的分析中，专门引入安德列斯（Anderies，2004）提出的用于分析外部背景变量对 CPRs 系统稳健性影响的稳健性框架。[①] 分析指出，当传统行政主导的大中型水利供给模式中断后，小型农田水利与大中型水利的链接中断，设施产权不清（GS3.1）、新的治理结构未能引入（GS2.3），设施状况（RS6、RS7）不断恶化，遭遇集体行动困境陷入公地悲剧。取消村民小组长的政策实施后，正式领导力退出（A5.1）与因公地悲剧带来对社会资本（A6）的破坏形成合力，群体的异质性所带来的"非对称性动机"问题无法解决，集体达成共识的交流成本无法偿付，新的集体选择的规则（GS5.2）不能建立。

第二种是在外部制度变迁后，传统的农村集体灌溉依旧延续下来的案例，如凯佐乡案例。主要分析特定外部背景变量变迁的环境下，传统的行政主导的集体行动何以能够达成，系统的稳健性及其关键变量。外部环境变迁带来了两大集体行动困境：一是公共设施的供给困境；二是灌溉资源的使用困境。曾集镇的案例中，大中型灌溉设施的供给中断（漳河水库），小型设施失去功用后遭破坏，集体的合作传统瓦解，引入抽水机和机井技术后，资源使用走向个体化。而凯佐乡

---

① 2003 年 Anderies 与奥斯特罗姆在一篇共同的文章中提出了这个框架，最早称为 SESs 概念框架（A conceptual Model of a Social-Ecological System）。J. Marty Anderies，Marco A. Janssen，Elinor Ostrom. Design Principles for robustness of institutions in social-ecological systems. 2010 年应用于分析尼泊尔的一个灌溉系统时，更名为一般稳健性框架（General robustness framework）。见 Cifdaloz, O., A. Regmi, J. M. Anderies and A. A. Rodriguez. 2010. Robustness, vulnerability, and adaptive capacity in small-scale social-ecological systems: the Pumpa Irrigation system in Nepal. Ecology and Society 15 (3): 39.

的集体灌溉传统却得以延续下来，一方面离不开政府对大中型设施的供给（RS6、RS7）。黄家寨水库的加固工程由国家出资承包给工程队建设，尽管不能完全满足当地需求，如工程施工时间正值灌溉季节、工程质量缺乏使用者的监督、建设缺乏使用者参与等，但是及时的修复毕竟解决了小水利与大中水利的对接难题。尽管其供给单位与使用单位不一致，但领导权采取政府与村民共治的方式，拥有对设施维护、使用的共同控制权，采取市场机制决定放水次序（A7.1），克服交流成本的难题，达成了集体选择的规则，符合奥斯特罗姆的七项设计规则。另一方面是小型农田水利设施的供给，凯佐乡六个村民小组均达成了集体行动，村民同时作为资源的使用者和设施的供给者。在山塘、沟渠、大型抽水机等以村组为单位的集体灌溉设施供给中，设施的产权归属为村民小组（GS3.1），所有权、使用权、收益权的归属明晰，村民小组长和寨老等权威领导力（A5）发挥重要作用，地方传统的社会资本、共享的社会规范仍未遭破坏（A6.1、A6.2），村民之间的信任度、互惠度高，另外还有课题组和当地政府的以恰当方式的介入（GS1），村民集体制定一系列与当地条件相符的规则（GS5.2），包括监督和制裁的规则（GS6、GS7），实现了以村民小组为单位的责任共同体的再生产（A6.3），工程投入单位的边界清晰，供给与使用单位边界一致性高（A6.3.1.1、A6.3.1.2），水费缴纳兼顾公平（A6.3.2.1、A6.3.2.2），虽未引入用水户协会作为正式管水组织，集体管理为主的设施产权、运行机制（GS3、GS4）得以延续下来。

第三种是外界强加规则，引入用水户协会作为新的治理安排，所带来的可能的内生发展，自变量包括一套治理的规则、权属、资源系统的使用等。三干渠协会15年的成功运行为研究中国用水户协会的成功要素提供了一个典型案例。首先，由体制内精英兼任（A5.2.3）且由民主选举产生（A5.3）的领导力（A5）是协会组建初期的关键，领导力的企业家精神（A5.2）则对维持协会的运行和收支平衡至关重要。其次，协会主席领导下的农户参与，有助于建立起协会内部信任（A6.1），提升成员间互惠（A6.2），建构以协会为单位的、跨行政村的责任共同体（A6.3）。再次，产权转交（GS3.1）和水费规则（A7.1.1）的引入，并非一蹴而就，它离不开协会的治理结构（GS2.3）和用水农户的参与，关键是规则的可执行性（GS5.2）、与当地条件的一致性，无论是制度性规则还是集体选择的规则。下面着重围绕产权、领导力、共享的社会规范和资源系统这四个关键变量，进行对比归纳，并为第四章30个样本案例的定性比较分析提供基础。

二、产权变量与集体灌溉

产权领域方面，一直是公共池塘资源 CPRs 研究的首要关注。在 20 世纪 80 年代，集体行动的理论家面对资源系统的开放性获取困境，持有非常悲观的态度（囚徒困境、哈丁的公地悲剧、奥尔森的集体行动的逻辑），视公共产权的"私有化"为唯一的出路（Hanna，Munasinghe，1995）。这种基于国家－市场或公共－私有二分的产权划分，认为开放的产权造成了公地悲剧。20 世纪 90 年代以来，奥斯特罗姆摆脱了对产权的静态划分（二分、三分、产权科层），从排除潜在受益者的困难程度和资源使用的竞争性角度，提出资源系统的共有产权概念，开始关注产权的有效执行和管理成本。研究强调产权所反映出的组织的社会模式、政治动因及集体决策制度（Baland and Platteau，1996；Agrawal A.，2001）。"产权明晰论"一直主导着各国灌溉改革的实践，但同时警惕无论是政府、市场还是基于社区的产权制度，都必须避免"万能药"式的产权方案（Dressler et al.，2010）。在我国的灌溉改革中，大中型灌溉设施的产权仍属于当地政府或专业水管机构所有；小型设施的产权界定与转交，与灌溉管理的市场化和农民参与组织化同步推进，即推进由政府转交产权给社区用水组织、市场化的管水部门或私人。通过三个案例的对比研究发现：产权是一个行动者系统共同建构的过程，过程中产权与其他变量发生相关关系，如产权与群体规模、群体特征、治理结构的关系。自上而下的产权界定与转交，需要结合其他子系统的变量进行相关分析，没有一蹴而就的"万能药"。本研究界定了"正式认可的产权"这一变量指标，旨在提升产权变量内涵的本土性和过程性。

在用水组织和市场化发育不充分的地区，如曾集镇和黄家寨水库案例，过去正式认可的行政主导的产权（GS3.1）不再被使用者群体所认可，主体松散、边界模糊，使用者或"搭便车"不缴或少缴水费，偷盗泵管、占有堤面和渠道的"公地悲剧"出现。但在黄家寨水库案例中，用水小组层面达成了成功的集体行动，它说明了共同认可的产权，并非一概源自自上而下的、行政权威主导的产权界定与转交。它与资源单位的灌溉历史不无关系，行动者系统的边界是自该设施的修建之日起就已得到界定，并在使用管理中产生了一套内部规则。6 个案例中的村民小组成为一种责任共同体（A6.3），为设施维护提供了一个清晰的生产单位边界（A6.3.1.1），其中成员间差别的梯度水价（A6.3.2.1）成为一个重要的激励变量。然而，涉及跨行政村边界的设施维护，无论是曾集镇的漳河水库还是黄家寨水库，都陷入集体行动的困境。说明在产权界定模糊的情况下，资源系统的范围（RS3）对集体行动有直接影响。行政边界为基础的资源系统中，产权共识达成的倾向可能会更大。

而在当前的灌溉改革中，行政村及以上层面的设施产权转交并不理想，即便在三干渠协会这个保持良好运行 15 年的协会，产权转交也是口头承诺并没有完善的文件规定。自上而下的产权转交（GS3.1）并非一项静态的规则设计，也非一蹴而就的规则引入。三干渠协会建立之初，同样遭遇破坏灌溉设施的公地悲剧。协会模式下的正式认可的产权（GS3.1）建构，首要是来自使用者群体的参与，打破"渠道是老祖宗修的"这一模糊的产权认识，协会的水平和垂直治理架构、有效的监督和制裁，保障了协会自主治理的规则得到执行，对协会设施的产权认可在使用者参与的过程中建立起来。另外，作为三干渠协会"造血"功能重要来源的承包养鱼的水库，也是在协会运行过程中，通过协会领导与上级政府的互动而争取来的收益权、处置权再分配，并非在协会建立之初就有明晰界定。正是这样的互动中所建构的产权分配解决了当前协会水费普遍难以满足自立运行的局限。

三、领导力与集体灌溉

群体特征中另一个关键变量是"领导力"，我国引入用水户协会，特别强调协会必须是农民自己的组织，领导必须是用水户选举产生。这体现了奥斯特罗姆对集体选择的规则的强调。但是，置于我国当代乡村治理背景下，协会领导力由村两委兼任的情况一度被视作是消极指标，被认为是协会换牌子不换人马的原因。其实，将缺乏农民的实质性参与单纯归因于领导的兼任或指任是极为片面的，应根据具体情境识别出行动者子系统的关键变量。本研究中，三干渠协会主席也是由体制内精英兼任，并解释了兼任的合理性，从领导力的产生到集体选择的规则的制定，有助于降低交易成本，并通过领导力的企业家精神发挥协会造血功能来承担规则达成的交流成本等，体现了一系列变量之间的相关关系。并且在协会的监督、制裁中，结合了暴力强制机制。其实，Norman Uphoff 在 Gal Oya 学到的经验也印证了这一发现，即与匿名投票相比，由共识选出农民代表，使得他们更清楚自己对所辖渠系所有百姓的责任。本研究开发了"领导力的企业家精神""声望与社会地位"等更加本土化和更具解释力的变量指标，并侧重从领导力与外界的互动进行分析的解释力。类似地，罗家德（2013）在四川的行动研究借用"关键群体"理论，提出关键群体的达成及这群人有足够的合作能力产生集体行动的规章制度以及互惠机制与监督机制，相互监督使集体行动持续，最终完成组织的专业化、规范化。在三干渠案例中，我们看到，协会主席作为关键领导力发挥的关键作用。在凯佐乡的案例中，看到 6 个村民小组长作为关键领导力发挥的不可或缺的作用。

四、社会规范与集体灌溉

公共池塘资源研究中对群体特征的关注，早期强调群体规模、群体异质性，后者以经济指标为主，关注经济依赖度如非农收入比重对使用者参与的激励。后来的研究中逐渐纳入使用者群体的价值观、知识、兴趣等内部变量，并开始关注群体异质性与社会资本、制度安排，使用者群体与供给主体的相关关系等（E. Ostrom，1996；Agrawal and Goyal，2001；Adhikari and Lovett，2006）。引入国内的实证研究中普遍采用单一变量检验，所得出的解释力大大受到削弱。单一的群体规模、群体异质性分析都不适用于检验并解释农村水利灌溉管理的实践。例如，既有研究指出"群体异质性"对集体灌溉发挥积极作用，主要由于富有的精英群体会支付发起集体行动和维持集体行动的成本（Baland and Platteau，1996）。这类分析，主要基于奥斯特罗姆（2001）对新规则产生机制的形式模型，当预期净收益超过预期成本可能会有新规则产生，即 $Di > (C1i + C2i + C3i)$ 的情况，i 代表"每位公共池塘资源的使用者"，D 代表"改变规则的动机"，C1 代表"规则设计与达成一致的成本与时间花费"，C2 代表"执行新规则的短期成本"，C3 代表"随着时间的推移监督和维持自我管理系统的长期成本"。它缺乏将行动者系统与外部制度背景变量进行相关分析。

回到中国的灌溉改革情境中，农村灌溉水管单位逐渐与乡村组织分离并走向市场化，政府逐步减少对农田水利建设的投入，大中型农田水利工程的供给，成为农村集体灌溉所面临的"新困境"之一。过去自上而下的、行政主导的制度供给取消后，合作灌溉面临解体。通过三个案例的对比研究发现：当集体灌溉陷入设施供给的集体行动困境时，群体异质性所带来的多样化、个体化灌溉，增强了资源单位的复杂性，并带来了达成新规则的交流成本的可支付性问题，作为"责任共同体"的用水小组和具有企业家精神的、体制内精英兼任的领导力是解决困境的关键变量。本研究识别出"交流成本""责任共同体"等变量指标，得以解释在不同的群体规模、共有规范和社会资本存量不同的变量组合（群体共同体）中，"交流成本"对于集体行动达成与否的关键作用，并从不同的群体特征中进一步识别导致差异的关键变量。

同样是在协会组织未被引入的情况下，对比曾集镇和黄家寨水库案例发现：

在前者的行动者子系统（A）中，"交流成本"无人支付，集体行动不能达成。异质性群体间的谈判出现了两种情况，优势农户转嫁交流成本导致弱势农户被迫退出的结局，寻求个体用水方案；优势农户缺乏对集体行动的经济激励，主动退出合作。这说明，在以个体家庭为认同与行动单位的地区：村庄异质化明显，村落内生权威缺失，村庄舆论解体，个人主义价值和观念凸显，村庄公益事业少有人关心，农民在农业灌溉中以单干为主等（罗兴佐，2006）。在后者的行动者子系统中，黄家寨水库属于宗族认同意识强的社区，交流成本的可支付性高，农民认同和行动单位是由地方性共识所决定的。研究识别并界定了"责任共同体"这一概念变量。奥斯特罗姆（2011）的研究中指出中等规模社区达成集体行动的可能性更高，但并未就"中等规模社区"做出界定。国内研究农民合作社的学者，苑鹏、黄祖辉、张晓山等学者普遍提出对宗族认同、地方性共识的强调。将"群体规模"引入中国灌溉的一项最新实证研究也指出（Zhang，2013）：当资源系统出现小规模、多个用水小组时，更易带来积极产出。它强调用水小组（WUG）中成员的身份和利益的同质性，并指出一般以村民小组为单位，如凯佐乡案例中的 6 个村民小组。在三干渠协会的治理架构中，同样采取了以自然村为单位划分的用水小组制。

五、资源系统与集体灌溉

既有的公共池塘资源研究，在共享资源特征方面的变量，主要针对资源单位的流动性、设施稀缺性、边界弹性，后来的研究开始聚焦资源系统的复杂性对集体行动的阻碍。奥斯特罗姆团队（Ostrom and Cox，2010）在研究新墨西哥州的灌溉社区时，在资源系统层面提出了"设施平衡"的三级变量和四级变量。一项基于 SESs 框架对中国灌溉系统的实证研究中采用了资源规模、资源边界的变量指标（Zhang，2013）。基于不同省份的案例研究，本研究提出了"系统边界的稳定性"这一指标，并区分资源和设施的生产力、资源和设施相对稀缺性，以回应农田水利设施的供给困境这一实际情况。SESs 框架应用研究的一大功能就是识别子系统之间的互动关系，以诊断或解释不同资源系统中集体行动达成并维持的情况。奥斯特罗姆团队（McGinnis M. D. and Ostrom E.，2013）从制度分析的视角，在资源系统界面识别出了八条基于社会和生态双重价值（dual-valued）的设计原则。通过透视资源系统与治理系统、行动者系统、外部制度变量的相互关系，对于灌溉制度改革期的中国农村水利灌溉管理研究更具诊断性和解释力。

首先，来看资源系统与外部制度变量的互动。应用 SESs 框架来透视，不难发现社会经济、政治背景变量与资源子系统相互影响的结果。随着经济发展（S1），农村人口的非农转移趋势加强（S2），农户对灌溉农业的经济依赖度普遍下降（A8）。随着市场化的灌溉管理改革推进，国家逐渐退出在农村水利供给中的主导地位。在国家"以奖代补"等政策的经济激励下（S4），农民自建的小水利遍地开花。抽水机、机井技术的引入（S7），降低了使用者参与设施建设的积极性（RS6.1），进一步地，农户投资兴建小水利（I5），进一步破坏了与大中水利的有效对接。中小水利的产权私有化政策，导致资源系统衍生出其他经济功能（RS8），引发灌溉单位的经济功能相冲突（RU4），如养鱼户的化肥投放行为损害了灌溉用水的农户利益（I1），从而引发使用者之间的矛盾（I4），影响灌溉用水的效率、公平与可持续性（O1）。另外，大中型水利的产权转交不彻底，资源系统的边界（RS2）不明确、边界弹性高，出现了使用者对公共池塘资源的滥用（O2）。在曾集镇，农户在库区挖堰塘、建鱼池、造田，并且阻止水库蓄水，以免淹没鱼池等"公地悲剧"即为例证。

其次，来看资源系统与行动者系统的互动。资源依赖性，界定为资源对于生计的重要性或使用者对资源可持续性的价值观，是影响集体行动的参与激励的变量（Ostrom，2009）。从使用者的角度，奥斯特罗姆提出需求水平的概念，即"使用者对资源系统的需求越高，被满足程度越低，对集体行动的影响越消极"。回到我国的情境中，在外部市场环境变化下（S1），资源系统对生计的重要性下降，即资源依赖性降低。如何激励使用者参与小型农田水利设施的供给，成为影响集体灌溉的关键。对比黄家寨水库和曾集镇案例发现：在黄家寨水库案例中，使用者对于设施供给可预测性（RS6）和资源供给可预测性（RS7）均高出曾集镇的情况，加之使用者对资源系统的经济依赖度和文化依赖度亦高出曾集镇，以及人们对水库和提灌站的共同生产的"集体记忆"（保罗·康纳顿，2000：3），使得水库在使用者的日常生活中作为一项文化资源的意义尤为明显。在这个资源系统的变量组合条件下，行动者达成集体行动的可能性远远高于曾集镇。对比资源系统变量组合类似的曾集镇与三干渠协会，即对资源的经济和文化依赖性低的条件下，发现：三干渠协会通过引入对行动者的激励手段，发挥了积极作用，增强了集体行动达成的可能性，如三干渠协会采用奖惩、连坐等规则激励农户参与设施供给与维护、日常灌溉管理。

再次，来看资源系统与治理系统的互动。国家逐渐退出在农村水利供给中的主导地位，县乡村三级的互动性减弱（I6、I8），乡村治理"空心化"（GS1、GS7），市场化的供水主体难以对接单个农户（GS7）。人口的非农流动增强了社区群体异质性（A2），用水户缺乏对承包者的信任（尤其当承包者不再来自体制内时），社区共享的社会规范、社会资本遭到破坏（A6）。当传统社区对行动者的有效监督和制裁不复存在（GS8），行政主导下的农村集体灌溉可能走向解体，如曾集镇案例。当传统机制（GS4.3）仍能在治理系统中发挥作用，则用水小组的集体灌溉可能继续维持，如黄家寨水库案例。当传统机制不复存在，通过引入用水户协会，提供行动者的能力建设（GS2.1），尤其是对妇女的能力建设投入，由协会承担集体选择规则的交流成本（GS5.2.1），集体选择的规则对领导权和使用者形成有效激励，集体行动投资、游说、自组织建设、管理与监督等集体行动则可能达成（I5、I6、I7、I8、I9）。以监督机制为例[①]，协会的监督采取暴力强制机制，与经济机制和合作机制相配合，在政府不干预的情况下，实现了自主治理，与国际上对治理可持续性的研究结论吻合（Meinzen-Dick，2007）。

第五节　本章小结

本章将 SESs 框架应用到中国小型农田水利灌溉管理系统的具体情境分析中。基于奥斯特罗姆的 SESs 框架，识别出中国本土化的框架与指标体系，特别是第三、第四层面的变量指标，并进行案例比较研究。本章所筛选的三个灌溉系统典型案例，分别对应灌溉制度变迁后集体灌溉的三种走向：个体化灌溉管理、传统行政主导型、农民用水户协会。通过三类灌溉管理系统的案例比较分析，识别出各自系统中集体行动成败的关键原因：行动者系统中的领导力、社会资本、资源系统中的产权和治理系统中的规则，也符合奥斯特罗姆的 CPRs 团队所识别出的影响公共资源治理的核心变量。本章结合我国本土案例，围绕四大核心变量建立了本土化的三四级变量指标，为下一章 30 个用水户协会样本案例的定性比较分析提供了理论化和本土化的研究基础，从而进一步诊断我国农民用水户协会的走向特征及关键影响变量。

---

① 有研究（张磊等，2013）采用用在防止盗水上的花费/亩作为指标，实证检验对灌溉用水的生产力没有显著影响。

第四章　农民用水户协会的地方实践
——30 个协会运行绩效的 QCA 分析

第一节　关于农民用水户协会的研究

既有国际研究文献中，对国际发展援助推动的灌溉改革项目评价并不积极（Meinzen-Dick，2007）。对于过度依赖外援项目进行工程建设的路径多有指责（Araral，2005），建议注重地方领导力的培养和鼓励农民用水户的参与。其实，对于工程建设的指责早在 20 世纪 70 年代末就开始出现：50—70 年代，世界范围内出现了资本密集型的大型水利工程建设高潮。急速、大规模的水利工程发展带来了庞大的、强有力的官僚体系（Vermillion Douglas L. et al，2001），带来一系列重建设轻管理的后续问题，包括灌溉系统的低效、灌溉用水分配不均、巨额的工程成本、工程腐败、水价政策导致的国家税收赤字等一系列问题（Vermillion Douglas L. et al.，2001；Ruth Meinzen-Dick，2007；Mollinga，2008）。鉴于此，80 年代起，中国台湾、韩国、菲律宾、印度尼西亚、印度等国家或地区开展的灌溉管理改革，开始引入新的技术和管理、进行培训、引入灌溉服务费和农民参与等理念，并付诸实践（Meinzen-Dick，2007）。农民用水户协会（WUAs）作为一个农民参与灌溉管理的新型主体，借助国际援助项目在发展中国家（包括中国）得到推广。

1985 年 3 月，我国正式加入亚洲开发银行（以下简称"亚行"）。1986 年 7 月，亚行在马尼拉召开了"灌溉水费地区讨论会"。中国派员参加会议，随后向亚行申请了《改进灌溉管理与费用回收》项目。1988 年项目正式启动，中外专家在对六个灌区进行调查研究的基础上，共同完成了成果报告，并提出了"吸收灌区农户参与灌溉管理"的建议。1992 年，在长江流域水资源世界银行贷款项目论证中，世界银行专家理查德·瑞丁格博士提出改革现有灌区管理体制和运行机制，建立"经济自立灌排区"（以下简称 SIDD）的设想。1994 年湖南和湖北省有关部门分别组织人员对开展 SIDD 改革的可行性进行研究。1995 年 4 月长江流域水资源世界银行贷款项目协定正式签订。这是中国政府对外签署的具有法律效力的文本上正式提出农民用水户参与灌溉管理，建立 SIDD 的概念。除了世界银行贷款长江流域湖南湖北水资源项目引入用水者协会以外，德国政府在山东的粮援项目、荷兰政府在安徽霍山县的扶贫项目、英国政府在四川等地的农村饮水扶贫项目、日本政府在陕西、甘肃、湖南等地的灌区改造项目中都提出了用水户参与灌溉管理，推进灌区管理体制改革的要求，结合当地情况进行了一系列实践探索。

项目方要求协会严格按照参与式理念和市场化改革的要求进行组建，在确定协会管理区域、制定章程与组建机构、注册登记、健全管理制度、加强机构建设等方面都有具体规定，特别涉及到组建边界、规模大小、主席人选、协会性质与报酬、协会法人有限责任、监督制约机制、产权问题、妇女参与，以及末级渠系改造的投资主体等问题。随着项目运行发现，在重管理的同时，基础设施建设不足的问题重新暴露出来，如何在协会平台上加快小农水建设、理顺产权关系、创新投入机制，以及落实运行维护资金成为协会发展的新难题。兰姆和奥斯特罗姆在尼泊尔的研究首次指出，与其一味将建设与管理分立来指责重建轻管的弊端，更有效的方式是识别并检验与工程设施相配套的有哪些管理要素，或何种要素条件更能带来灌溉绩效的提升（Lam，Ostrom，2009）。这对于分析当前中国用水户协会发展项目"重管理、轻建设"的导向亦十分必要。尼泊尔的研究结论是，初期以及后续的工程设施投入仅仅带来短期的绩效改善，从长远来看，更需要农民自己参与制定规则、配以有效的制裁和监督措施。

第二节　样本协会与数据来源

本章筛选的 30 个样本协会中，有 21 个协会选自笔者参加的一项英国国际发展部（DFID）赠款项目"面向贫困人口的水利改革项目"（PPRWRP）的试点协会和推广协会。由世界银行对项目进行全面管理和监督，分成相对独立的两部分，分别由水利部和国家农业综合开发办公室负责实施。2004 年 9 月 DFID 赠款7573.4 万元人民币，项目执行期为 2004 年 9 月至 2008 年 12 月，分两期实施，2004 年 9 月至 2006 年 12 月为第一期，2007 年 1 月至 2008 年 12 月为第二期，修改后的赠款协议将项目执行期延长至 2009 年 6 月 30 日。项目最初的关键指标是 4 个，即政策支持、能力建设、协会示范与推广、监测与评价。第一期项目区选择了湖南、湖北、新疆、河北、河南、山东和甘肃七个省或自治区。第二期项目在保留湖北、新疆、湖南等三个地区基础上，又增加了江苏、安徽和四川三省。第一期选择项目区时主要考虑项目省有实施世界银行项目的经验，具备支持用水户协会的政策环境，有成立、示范、推广用水户协会的积极性，项目省水利厅愿意为推广用水户协会建立并维持一个支持单位，项目省已成立了一定数量的用水户协会，具有建设用水户协会的经验，省级项目配套资金有保证。第二期项目区在选择时，除了满足上述条件，还考虑灌区供水设施比较完善，灌区有实施世行项目经验和能力，灌区能让妇女、贫困人口等弱势群体最大程度受益。

另外有 9 个协会来自其他项目的一手和二手数据，包括内蒙古河套灌区人民渠协会、宏胜村协会、南渠乡供水公司[①]，江西万载鲤陂水利会、高安梨塘村协会[②]，云南弥勒竹朋灌区联合会[③]，宁夏银川扬水支渠协会[④]，北京密云蔡家甸协会分会[⑤]，福建八字洋灌区归宗村协会[⑥]。

本研究的数据来源包括三个方面：一是调查数据，新疆、湖北、河北、湖南、江苏等地，协会和农户调查问卷、焦点小组座谈、典型用水户调查、半结构性访、谈以及参与式农村评估（PRA）中的相关利益主体分析；二是二手数据，包括项目监测评价数据，调查中获取的项目评估手册、材料等；三是文献数据，包括类似研究中的分析材料等。主要内容包括：项目的政策影响、能力建设、示范推广、监测评价和农户家庭生计影响等社会影响评估，评估调查协会的机构能力、管理绩效和协会质量。

---

①　2004 年 8 月 15 日—19 日，水利部农村水利司安排李凌老师一行赴内蒙古河套灌区进行实地调查，协会资料出自"河套灌区用水户参与灌溉管理调查报告"。

②　2000 年江西省按照水利部和国家有关部、委、办的统一部署，结合大型灌区续建配套节水改造，在大型灌区末级渠系开始了农民用水户协会建设管理改革工作试点。协会案例出自江西省综合农业现代化项目用水者协会培训资料。

③　2010 年 7 月，国家农业综合开发办公室世行处与云南省农发办就该省弥勒县竹朋灌区用水管理模式创新的调研。

④　2008 年 7 月 30—31 日，水利部农村水利司安排李凌老师一行赴宁夏开展世行三期宁夏WUA 项目运行管理培训班期间的调研材料及"银川市金凤区兴源扬水支渠农民用水协会组建及运行情况汇报"二手资料。

⑤　2000 年北京市世行贷款节水灌溉项目引入了建立用水者协会，密云县有镇级农民用水者协会 7 个，村级农民用水者协会 54 个。蔡家甸分会属镇级协会的村级分会，资料出自中国灌区协会秘书处"用水户参与灌溉管理调查评估报告"（2004）。

⑥　依托清华大学中国农村研究院于 2012 年暑期全国"百村调查"的调查数据及团队成员赴福建省南平市下辖的四个灌区进行实地调查的案例资料。

第三节　关键变量与研究方法

一、基于国际研究理论与中国经验材料的假设

根据现有的国际和国内的研究成果，对集体行动、公共池塘资源的研究主要有以下两类方法：第一种是基于实证主义方法论的案例研究、案例研究的荟萃分析、大样本研究和合作实地实证研究。第二种是实验研究、实地实验室和形式模型方法。前一类方法已被广泛应用到更为广泛的与自然资源相关的实证研究中，取得了一系列重要理论，如 20 世纪中叶兴起的集体行动理论、产权理论、公共资源理论等。后一种的实验法和形式模型，最近也促进了集体行动理论最新发展。本研究所基于的 SESs 社会生态系统理论框架，即是出自案例研究的成果，它提供了一套用于荟萃分析的概念图和编码语言，将所有的影响变量归纳为四个子系统的变量要素：资源系统、治理系统、资源单位和使用者系统（或行动者系统）。既有的案例研究所识别出的核心变量有三个：产权、集体行动的群体特征和共享资源特征。

（一）公共设施产权。传统理论的二分法、三分法（强调公有产权），都基于产权明晰的假设，更倾向于一种静态划分与类型分析。奥斯特罗姆与团队的研究提出动态分析的重要性，强调产权的有效执行。印度和尼泊尔的研究表明，"只要社群有可执行的撤资权、管理权和排他权，在没有让渡权的情况下也可以进行有效的管理"（Agrawal and Ostrom，2001）。此外，在缺少信息、缺乏信任和农户参与的情况下，自上而下的分权努力会降低有效性（Andersson and Ostrom，2008）。第三章中的三个案例的对比研究也印证了这一点，协会组建后的产权转交并不规范，对于水库和支渠以上的沟渠，协会并没有所有权，也无让渡权。但在日常灌溉中，协会拥有使用权和收益权，这也是协会良好运行 14 年之久的保障之一。而正式产权如果在执行上受到限制、没有得到执行或者与非正式产权冲突，则会削弱产权保障（Tvedten，2002）。如凯佐乡黄家寨水库和曾集镇漳河水库的案例，缺乏配套的组织与市场的发育，过去正式认可的地方政府所有的产权不再被使用者群体所认可，陷入集体行动的困境。在本章研究中，采用"产权归属的明晰度（GS3）"这一变量指标，进一步分列了 3 个四级指标和 1 个三级指标：GS3.1.1 所有权、GS3.1.2 使用权、GS3.1.3 收益权，以及 GS3.3 产权转交规范程度。

（二）群体特征。自从奥尔森的形式模型提出集体行动与群体规模的负向关系以来，研究对群体规模的关注，又增加了群体异质性以及外部环境变量的影响。群体异质性中，收入、资产等经济指标（Bardhan and Pranab K.，2000），以及成员的价值观（Gibson and Koontz，1998）、知识和技能、兴趣（Campbell et al.，2001）等非经济指标的重要性都得到了一定的重视。不同形式的异质性经常会彼此加强，但对于不同形式的异质性和集体行动，它们之间的关系也不同。在某些情况下，社群中的精英成员会促进集体行为。领导力的重要性越来越被研究者所强调（Abernethy and Sally，2000；Meinzen-Dick et al.，2002）。奥斯特罗姆的第二代"理性选择模型"，列出互惠、声望、信任等"社会资本"要素作为克服合作困境的关键变量，共同影响了人们合作的水平以及净收益（Ostrom，1998），这在各地实证研究中也得到印证。群体成员之间的互惠行为和信任会鼓励合作，并且相互依赖性会约束冲突，进而增进合作（Turner，Matthew D.，1999；Dietz T. et al.，2003）。第三章的案例研究也指出，行动者系统中的领导力、社会资本是影响集体灌溉的关键变量。

在本章研究中，采用领导力的一致性和成员间的互惠与信任作为关键指标，其中，领导力的一致性（A5）细分为 4 个三级指标和 3 个四级指标（A5.1 是否有正式性领导权、A5.2.1 领导人是否有企业家精神、A5.2.2 领导力是否具有社会声望、A5.2.3 领导力是否由体制内精英兼任、A5.3 领导力是否民主选举产生、A5.4 是否有对领导力的监督）；成员间的信任与互惠（A6）细分为：4 个三级指标（A6.1 信任度、A6.2 互惠度、A6.3 责任共同体、A6.4 交换关系稳定度）和 13 个四级指标（A6.1.1 是否组织过成功的集体行动、A6.1.2 是否定期公开组织内部信息、A6.1.3 农户是否参与工程修建、A6.1.4 农户是否参与工程决策、A6.1.5 农户是否参与组织监督、A6.2.1 集体灌溉是否节约成本、A6.2.2 集体灌溉是否引发纠纷、A6.2.3 成员间是否有帮工或换工、A6.3.1 工程投入单位边界是否清晰、A6.3.2 水费缴纳是否兼顾公平、A6.4.1 组织与成员间有无交换关系、A6.4.2 组织内成员间有无交换关系、A6.4.3 组织成员对外有无交换关系）和 6 个五级指标（A6.1.5.1 参与是否有经济激励、A6.1.5.2 是否鼓励妇女参与监督、A6.3.1.1 工程投入是否以生产单位为边界、A6.3.1.2 工程投入是否以使用单位为边界、A6.3.2.1 水价是否有区别、A6.3.2.2 水价是否基了参与度或贫困度）。

（三）共享资源特征。灌溉系统有别于牧场、林地等公共池塘资源，一是资源单位的流动性和储存资源单位的可能性（Schlager，Blomquist and Tang，

1994）。前者提高了集体行动的成本，后者促进了共享资源管理制度的发展。可以对比水库、湖泊作为灌溉水源的情况，与河流、地下水资源等流动性强的地表、地下水源情况，后者在管理使用中协调的交易成本相对更高。二是可以利用设施引导资源的流动，设施的供给成本、设施的边界弹性、设施的稀缺性等增加了资源单位的复杂性。设施供给的边界弹性高，难以界定排他性产权，出于资源的多用途、群体内部的社会交换频繁、互惠依赖度高，则会增加资源系统的复杂性，模糊了因果关系。案例研究表明，关于特定自然资源的集体行动特征的含义取决于复杂性降低可预测性的程度（Wilson James，2007），资源复杂性独立于群体特征影响集体行动。回到中国背景下，农村灌溉设施的供给层级（大中型、小型）增加了灌溉资源的复杂性，政府自上而下的、市场化导向的供给投入方式降低了农民用水户的参与，如此则可能阻碍集体行动的可能性，如曾集镇案例中走向解体的农田灌溉。三是资源使用者可以制定相应的规则以补偿可预测的资源状况变化。规则的供给在第二代理性模型中举足轻重。七项设计原则就是基于案例研究提炼出的重要依据，应用于分析凯佐乡可持续的传统集体灌溉时，发现不同村组达成集体行动与七项原则的高度一致性。尼泊尔自主灌溉管理系统的研究，特别强调农民参与制度规则、以及监督和制裁规则的重要性，并且强调，除非满足这样的条件，否则单独投资工程设施不会带来绩效的改善。

在本章研究中，采用"基础设施持续改善（RS6）"和"一系列可执行的正式规则（GS5、GS6、GS7）"作为关键指标。首先，如前文所述，协会理念的兴起与国际上对重建轻管的反思直接相关，通过项目引入协会建设的过程中，对工程设施的投入力度不大，更为强调的是管理类目标的实现，包括：项目的政策影响、协会能力建设、示范与推广、以及对相关利益主体的社会影响评估等。支渠以下水利设施原则上由农户投工投劳自建完成，这就构成了协会运行面临的一个集体供给的困境。基础设施能否持续改善，在兰姆和奥斯特罗姆在尼泊尔的定性比较研究中，被界定为第一个关键自变量。本研究中列出了 3 个三级变量（RS6.1 设施建设积极性、RS6.2 设施配套完善度、RS6.3 使用者的反馈）。其次，协会引入中国后，用水户参与基础上制定的协会章程、制度和实施细则，视为一项强制性的项目要求。协会组建的实践中，农户参与的程度、规则覆盖的范围与规则执行情况各异。"可执行的正式规则"包括：3 个二级指标（GS5 运行规则、GS6 监督规则、GS7 制裁规则）；6 个三级指标（GS5.1 制度性规则、GS5.2 集体选择的规则、GS6.1 非正式监督、GS6.2 正式监督、GS6.3 硬件监督、GS7.1 制裁类型）；4 个四级指标（GS5.1.1 制度性规则的执行度、GS5.2.1

集体选择规则的交流成本、GS7.1.1 制裁标准与当地条件的一致性、GS7.1.2 制裁可执行程度）。详见表 4—1。

表 4—1　解释变量的选择与说明

SESs 子系统	解释变量	对变量的说明
治理子系统	产权归属的明晰度（GS3）	GS3.1 管理权、转让权是否明确 GS3.2 收益权是否明确 GS3.3 产权转交规范程度
治理子系统	一系列可执行的灌溉运行和维护的正式规则（GS5、GS6、GS7）	GS5.1 制度性规则 GS5.2 集体选择的规则 GS6 监督规则的可执行性 GS7 制裁规则与当地条件的一致性
行动者子系统	领导力的一致性（A5）	A5.1 是否有正式性领导权 A5.2.1 领导人是否有企业家精神 A5.2.2 领导力是否具有社会声望 A5.2.3 领导力是否由体制内精英兼任 A5.3 领导力是否民主选举产生 A5.4 是否有对领导力的监督
行动者子系统	成员间的信任与互惠（A6）	A6.1 信任度 A6.2 互惠度 A6.3 责任共同体 A6.4 交换关系稳定度
资源子系统	基础设施是否持续改善（RS6）	RS6.1 设施建设积极性 RS6.2 设施配套完善度 RS6.3 使用者的反馈
资源单位子系统 *	协会与其他组织良好互动（RU3）	RU3：资源单位互动性 RU3.1 层级间互动性 RU3.2 用水户间互动性

注："协会与其他组织良好互动"这一变量指标，是在 QCA 运行中发现有抵触组合条件时增添的新变量。调整之后，发现抵触的组合条件不再出现。

二、定性比较分析方法

定性比较分析方法（QCA）是一种多案例的比较方法，当案例数量增加，自变量不同取值的组合将以指数级递增，QCA（Ragin，1987，2009）提供了一种有效、系统处理多案例比较研究数据的方法。它是以案例研究为取向的，它的基础在于对变量作两分处理，解释变量和结果变量都有两种，变量取值为 1 代表某条件发生或存在，用大写字母表示；变量取值为 0 表示某条件不发生或不存在，用小写字母或者用～ 表示。* 表示"和"，＋ 表示"或"，→或者＝ 表示"导致"。采用布尔代数 Boolean Algebra 对条件组合进行简化运算。它的运算逻辑要追溯到 1967 年穆勒（J. S. Mill）提出的两组因果论证法：一个是求同法（method of agreement）：$A^*B^*C \rightarrow X$；$A^*D^*E \rightarrow X$，则：$A^*B^*C \rightarrow X$；$A^*D^*E \rightarrow X$，则 $A \rightarrow X$；另一个是求异法（method of difference）：$A^*B^*C \rightarrow X$；$B^*C \rightarrow \sim X$；则 $A^*B^*C \rightarrow X$；$B^*C \rightarrow \sim X$；则 $A \rightarrow X$。穆勒又提出同异联合法（joint method of agreement and difference）：$A^*B^*C \rightarrow X$；$B^*C \rightarrow \sim X$；$A^*D^*E \rightarrow X$；$D^*E \rightarrow \sim X$；则 $A^*B^*C \rightarrow X$；$B^*C \rightarrow \sim X$；$A^*D^*E \rightarrow X$；$D^*E \rightarrow \sim X$；则 $A \rightarrow X$。

但有别于定量研究方法，首先，它的分析逻辑是复杂的、可替代的因果关系，研究者关注社会现象的多重条件并发原因（multiple conjectural cause）。比如大多数情况下，$A^*B \rightarrow Y$，但也有一些导致相同情况的条件组合，如 $A^*B +C^*D \rightarrow Y$。也就是说，在一种社会情境 B 下，条件 A 出现可能导致 Y；而在另一种社会情境 C 下，A 不出现可能导致 Y。因此，定性比较分析假定社会现象的因果关系是非线性的、非叠加的、非概率的，解释条件对结果的效应是相互依赖的，并且同一个社会现象的发生可能有不同的原因组合。其次，定性比较分析的分析单位是条件组合而不是案例。在分析的过程中，研究者先根据不同的策略确定解释变量，然后将以个案为单位的数据进行汇总，得到解释变量、被解释变量的所有组合（configurations），这些组合以表格的形式表示，该表格叫事实表（truth table）。

研究者以所有的组合作为分析的起点，根据布尔代数（Boolean Algebra）对条件组合进行简化。它的一个优势是可以进行主观、定性数据的运算，研究者仅需根据既有的研究理论对解释变量进行两分。进行两分判定时，关键的一步是界定临界值（threshold）。本研究中采用与兰姆和奥斯特罗姆对尼泊尔案例进行QCA 分析相同的临界值界定方案，即选取 50% 作为临界值，区分解释变量和被解释变量的存在或发生。另一大优势是，QCA 方法要求全过程的透明性，即研究者从选取变量、数据加工、选择分析工具到解释条件组合的全过程。研究者需要介入分析过程中，它并非一个纯统计运算。发展至今，QCA 分析可以处理多值条件、模糊集数据 mvQCA、fsQCA。QCA 主要的五大功能：总结数据、检验数据的一致性、检验既有的理论或假设、迅速检验猜想、发展新的理论论点。本研究采用的软件包括 fsQCA（2.0）和 Tosmana1.302。

三、建构事实表

根据 QCA 分析方法的理论基础，多重条件并发原因的数量随解释变量的增加呈对数级增长（2^n）。这意味着，本研究遵循 SESs 理论路径选取的 5 个解释变量，将存在 32 种成因组合的可能性。根据惯例，中等大小的样本（10—40 个），解释变量数量最好是 4 到 6、7 个。由此可见，目前在研究范围内的 30 个案例，选取 5—6 个因子可行、可控。本研究将采用第一章第二节中提出的三类评估绩效的指标作为被解释变量，即产出绩效、过程绩效和影响绩效，所分别对应的三个具体指标，即"用水充足性是否持续提升""农户的灌溉成本是否节约""协会是否持续运转"（见表 4—2）；采用基于国际文献和国内经验所识别的 SESs 的 4 个子系统中的 5 类二级变量作为关键的解释变量（见表 4—1）。本章着重分析什么样的子系统变量组合对协会的绩效具有更核心、更关键的作用，并在这一过程中确定影响协会运行成败的关键变量（30 个样本协会的案例一览表见附录）。

首先，根据基础设施、产权、规则、领导力、信任五个变量建构"用水充足性"事实表（见表 4—3）。从事实表可见，存在着 1 个矛盾组合。检查相关的矛盾组合，发现 ZDQ 协会未能带来用水充足性提升，而 ZH 协会、CJD 协会均提升了用水充足性。重新阅读 ZDQ 协会案例，发现该协会是由 4 个行政村为单位的用水户协会联合成立的，以解决过去上中下游 4 个村与水库供水的衔接问题（供水单位所属）。成立联合会后与 4 个行政村村两委的协商沟通，制约着联合会功能的发挥。因此，研究引入第六个解释变量"协会与村两委或其他组织是否有良好互动"，重新建构事实表之后（见表 4—4），发现不再出现矛盾组合。另外两组评估绩效的被解释变量建构事实表，也出现了类似问题，并得到了同样的解决。

其次，当只采用五个解释变量时，"灌溉成本节约"的事实表中出现了一组矛盾组合（0 0 0 0 0 C）。五个协会样本 BYZ、GZZ、KB、NQ、GZ 中，GZZ 和 KB 协会"灌溉成本是否节约"的编码为 1。再次引入第六个解释变量后，亦不再出现矛盾组合（见表 4—5）。但这是否就能说明第六个变量在评估协会的过程绩效时起到关键作用呢？研究需要回到 QCA 以案例为取向的分析思路上，回到协会 GZZ 和 KB 去检验。两个协会均是村级协会，GZZ 的灌溉水源是渠灌与井灌相结合，而 KB 主要依靠渠道。协会成立前，两个村的用水纠纷多、渠系差、缺乏组织。协会成立后，GZZ 农户的户均用水量，由 5000 立方/次下降到 3000立方/次，一年灌溉两次，灌溉成本因节约水量而得到下降。KB 协会成立后，渠系状况并未得到很大改善，仍有土渠 2.7 千米。但协会成立后的水费由原来的 25—26 元/亩下降到 20 元/亩，农户灌溉成本因水费标准下降而降低。所以，GZZ 和 KB 的被解释变量并未有误判。

接下来，需要逐一检验解释变量是否有错误的界定？是否界定的临界值标准需要调整？从第六个拟引入变量开始，协会的互动在 KB 协会中问题暴露突出，"协会领导与村两委脱节，协会设施产权界定不明，协会上级主管部门的主体地位缺失"。说明变量六不能作为有效的解释变量。依次分别检验规则、领导力、信任三个解释变量，发现 2 个协会的领导力选项均有相同的 3 项为 1（A5.1、A5.2.2、A5.3），3 项取值为 0。采用 50% 的临界值标准时，第一次取值时，鉴于协会在中国的实践经验，对于 A5.2.3 变量的赋值高于 A5.2.2。GZZ 和 KB 协会案例说明，当领导力具有很高的社会声望时，即便不是由村两委干部兼任，也应该发挥非常重要的作用。[①] 经校验，重新对这两个协会的领导力选项取值为 1。接着检验"信任"指标时，发现 GZZ 和 KB 两个村在协会成立前，由于用水纠纷不断，社区的社会资本遭到破坏，但协会成立后，通过组织培训包括经济、文化娱乐活动，激励妇女参与等方面，做了大量工作。因此，需要根据协会成立后的努力重新为信任一项取值为 1。按照新的取值，对"协会的可持续运转"建构事实表，无论是五个变量还是六个变量，均未出现矛盾组合。

表 4—2　30 个样本协会绩效一览表

协会编码	所属灌区/行政区	协会名称	用水充足性是否提升	灌溉成本是否减少	协会是否收支平衡
SGQ	湖北东风灌区	三干渠协会	是	是	是
ZDQ	湖北东风灌区	中剅渠系协会	否	是	否
BYZ	湖北东风灌区	半月镇联合会	否	否	否

① 从另外角度来看，民主选举的协会主席并非是体制内精英，这与村庄的治理状况也不无关系。

续表

JH	新疆三屯河灌区	军户协会	是	是	否
EQ	新疆三屯河灌区	二畦村协会	是	否	否
YKKTM	新疆温宿	尤喀克吐曼村协会	否	否	否
QN	新疆温宿	青年六队	否	否	是
XL	河北遵化	新立村协会	否	是	否
GZZ	河北遵化	果庄子协会	否	是	否
KB	江苏东海	孔白村协会	否	是	否
JT	湖南铁山灌区	井塘协会	是	是	是
CT	湖南铁山灌区	长塘联合会	是	是	否
LP	湖南铁山灌区	骆平协会	否	是	否
ZP	湖南铁山灌区	张坪联合会	是	是	否
RMQ	内蒙古河套灌区	人民渠协会	否	是	否
HSC	内蒙古河套灌区	宏胜村协会	否	是	否
QLG	安徽淠史杭灌区	七里岗协会	否	是	否
JQ	安徽淠史杭灌区	金桥协会	否	是	否
LPSL	江西万载	鲤陂水利会	是	是	是
ZH	甘肃敦煌灌区	皂河协会	是	是	否
ZPGQ	云南弥勒	竹朋灌区联合会	否	是	否
YS	宁夏银川	扬水支渠协会	否	是	否
LT	江西高安	梨塘村协会	否	是	否
NW	河南广利灌区	南王村协会	否	否	否
CL	四川省通济堰	丛林支渠协会	否	是	否
NL	湖北东风灌区	黄林支渠协会	是	是	是
CJD	北京密云	蔡家甸协会分会	是	是	否
JJ	河北涉县	机井专业合作社	是	是	否
NQ	内蒙古河套灌区	南渠乡供水公司	否	否	否
GZ	福建八字洋灌区	归宗村协会	否	是	否

（1）产出绩效：协会用水充足性事实表

v1：设施 Infrastructure（A）　　v2：产权 Property（P）

v3：规则 Rules（R）　　v4：领导力 Leadership（L）

v5：信任 Trust（T）　　v6：协会互动 Interaction（I）

O：用水充足性 Water Supply（W）caseid：（样本协会）

表 4—3　用水充足性事实表（五个变量）

设施 v1	产权 v2	规则 v3	领导力 v4	信任 v5	用水充足性 O	样本协会 caseid
1	1	1	1	1	1	SGQ，JH，JT，RMQ，LPSL，NL
0	0	1	1	1	C	ZDQ，ZH，CJD
0	0	0	0	0	0	BYZ，GZZ，KB，NQ，GZ
1	1	1	1	0	1	EQ，JJ
0	0	1	1	0	0	YKKTM
0	1	1	1	1	0	QN
0	1	1	0	0	0	XL，HSC，QLG
1	0	1	1	0	1	CT
0	0	1	0	1	0	LP，CL
1	0	1	0	0	0	ZP
0	0	0	0	0	0	JQ，YS
0	0	1	0	0	0	ZPGQ
0	1	0	1	0	0	LT
1	0	0	0	0	0	NW

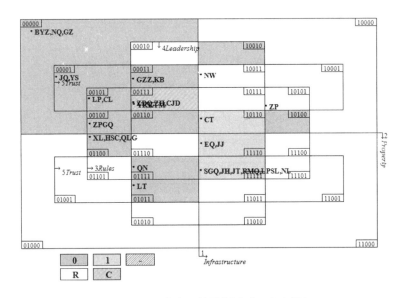

图 4—2　用水充足性可视图（五个变量）

表 4—4 用水充足性事实表（六个变量）

设施 v1	产权 v2	规则 v3	领导力 v4	信任 v5	协会互动 v6	用水充足性 O	样本协会 caseid
1	1	1	1	1	1	1	SGQ，JH，JT，RMQ，LPSL，NL
0	0	1	1	1	0	0	ZDQ
0	0	0	0	0	0	0	BYZ，NQ，GZ
1	1	1	1	0	0	1	EQ，JJ
0	0	1	1	0	1	0	YKKTM
0	1	1	1	1	0	0	QN
0	1	1	0	0	0	0	XL，HSC
0	0	0	1	1	1	0	GZZ
0	0	0	1	1	0	0	KB
1	0	1	1	0	0	1	CT
0	0	1	0	1	1	0	LP
1	0	1	0	0	0	0	ZP
0	1	1	0	0	1	0	QLG
0	0	0	0	1	0	0	JQ
0	0	1	1	1	1	1	ZH，CJD
0	0	1	0	0	0	0	ZPGQ
0	0	0	0	1	1	0	YS
0	1	0	1	1	1	0	LT
1	0	0	1	0	1	0	NW
0	0	1	0	1	0	0	CL

续表

导致用水充足的条件组合	仅仅分析所观察到的条件组合： Two complete minimization procedures be run：两组简化运算的程序如下： [1] Configurations，without logical remainders [1] 运算，不需逻辑余数 Water Supply 用水充足性＝Infrastructure 设施 {1} * Rules 规则 {1} * Leadership 领导力 {1} * Trust 信任 {0} * Interaction 协会互动 {0} ＋Infrastructure 设施 {1} * Property 产权 {1} * Rules 规则 {1} * Leadership 领导力 {1} * Trust 信任 {1} * Interaction 协会互动 {1} ＋Infrastructure 设施 {0} * Property 产权 {0} * Rules 规则 {1} * Leadership 领导力 {1} * Trust 信任 {1} * Interaction 协会互动 {1} 样本案例：(EQ，JJ＋CT)(SGQ，JH，JT，RMQ，LPSL，NL)(ZH，CJD) W＝ARLti＋APRLTI＋apRLTI（方程式 1） 必要条件：R 和 L 在分析中引入简化假设： W＝RL（Ati＋APTI＋apTI）（方程式 1'） 样本案例：(EQ，JJ＋CT)(SGQ，JH，JT，RMQ，LPSL，NL)(ZH，CJD)

运行软件 Tosmana 1.302

（2）过程绩效：

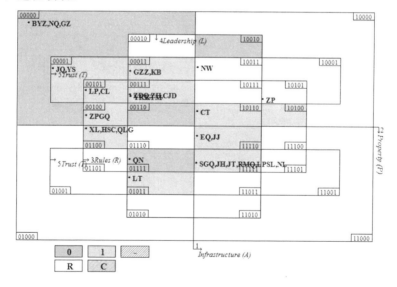

图 4—3 节约灌溉成本可视图（五个变量）

表 4－5 节约灌溉成本事实表

v1：Infrastructure 设施（A） v2：Property 产权（P）

v3：Rules 规则（R） v4：Leadership 领导力（L）

v5：Trust 信任（T） v6：Interaction 协会互动（I）

O：Cost Saving 节约成本（S） caseid：样本协会

设施	产权	规则	领导力	信任	协会互动	灌溉成本节约	样本协会
v1	v2	v3	v4	v5	v6	O	caseid
1	1	1	1	1	1	1	SGQ，JH，JT，RMQ，LPSL，NL
0	0	1	1	1	0	1	ZDQ
0	0	0	0	0	0	0	BYZ，NQ，GZ
1	1	1	1	0	0	1	EQ，JJ
0	0	1	1	0	1	0	YKKTM
0	1	1	1	1	0	0	QN
0	1	1	0	0	0	1	XL，HSC
0	0	0	1	1	1	1	GZZ
0	0	0	1	1	0	1	KB
1	0	1	1	0	0	1	CT
0	0	0	0	1	1	1	LP
1	0	1	0	0	0	1	ZP
0	1	1	0	0	1	1	QLG
0	0	0	0	1	0	1	JQ
0	0	1	1	1	1	1	ZH，CJD
0	0	1	0	0	0	1	ZPGQ
0	0	0	0	1	1	1	YS
0	1	0	1	1	1	1	LT
1	0	0	0	0	1	0	NW
0	0	1	0	1	0	1	CL

导致灌溉成本节约的条件组合	仅仅分析所观察到的条件组合： Two complete minimization procedures be run：两组简化运算的程序如下： [1] Configurations，without logical remainders [1] 运算，不需逻辑余数 灌溉成本节约 Cost Saving ＝Infrastructure 设施（A）{0} ＊ Property 产权（P）{0} ＊ Trust 信任（T）{1} ＋Infrastructure 设施（A）{1} ＊ Rules 规则（R）{1} ＊ Leadership 领导力（L）{1} ＊ Trust 信任（T）{0} ＊ Interaction 协会互动（I）{0} ＋Infrastructure 设施（A）{0} ＊ Property 产权（P）{1} ＊ Rules 规则（R）{1} ＊ Leadership 领导力（L）{0} ＊ Trust 信任（T）{0} ＋Infrastructure 协会互动（A）{0} ＊ Rules 信任（R）{0} ＊ Leadership 领导力（L）{1} ＊ Trust 信任（T）{1} ＊ Interaction 协会互动（I）{1} ＋Property 产权（P）{0} ＊ Rules 规则（R）{1} ＊ Leadership 领导力（L）{0} ＊ Trust 信任（T）{0} ＊ Interaction 协会互动（I）{0} ＋Infrastructure 设施（A）{1} ＊ Property 产权（P）{1} ＊ Rules 规则（R）{1} ＊ Leadership 领导力（L）{1} ＊ Trust 信任（T）{1} ＊ Interaction 协会互动（I）{1} 样本案例：（ZDQ＋GZZ＋KB＋LP＋JQ＋ZH，CJD＋YS＋CL）（EQ，JJ＋CT）（XL，HSC＋QLG）（GZZ＋ LT）（ZP＋ZPGQ）（SGQ，JH，JT，RMQ，LPSL，NL） $S＝apT＋ARLti＋aPRlt＋arLTI＋pRlti＋APRLTI$（方程式 2） 必要条件：ARL，T，R 在分析中引入简化假设： $S＝ARL（ti＋TIP）＋T（ap＋arLI）＋R（altP＋plti）$（方程式 2'）

Tosmana 1.302

（3）影响绩效：协会可持续运行事实表

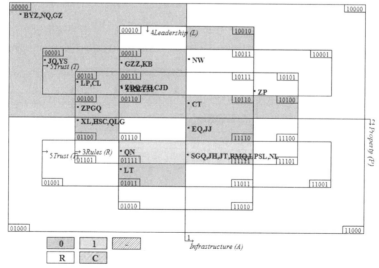

图 4-4　协会可持续运行可视图（五个变量）

表格 4－6：协会可持续运行事实表

v1：Infrastructure 设施（A）v2：Property 产权（P）

v3：Rules 规则（R）v4：Leadership 领导力（L）

v5：Trust 信任（T）v6：Interaction 协会互动（I）

O：WUA Operation（O）协会运行 caseid：样本协会

设施	产权	规则	领导力	信任	协会互动	协会可持续运行	样本协会
v1	v2	v3	v4	v5	v6	O	caseid
1	1	1	1	1	1	1	SGQ，JH，JT，RMQ，LPSL，NL
0	0	1	1	1	0	0	ZDQ
0	0	0	0	0	0	0	BYZ，NQ，GZ
1	1	1	1	0	0	0	EQ，JJ
0	0	1	1	0	1	0	YKKTM
0	1	1	1	1	0	1	QN
0	1	1	0	0	0	0	XL，HSC
0	0	0	1	1	1	0	GZZ
0	0	0	1	1	0	0	KB
1	0	1	1	0	0	0	CT
0	0	1	0	1	1	0	LP
1	0	1	0	0	0	0	ZP
0	1	1	0	0	1	0	QLG
0	0	0	0	1	0	0	JQ
0	0	1	1	1	1	0	ZH，CJD
0	0	1	0	0	0	0	ZPGQ
0	0	0	0	1	1	0	YS
0	1	0	1	1	1	0	LT
1	0	0	1	0	1	0	NW
0	0	1	0	1	0	0	CL

导致协会可持续运行的条件组合	仅仅分析所观察到的条件组合： Two complete minimization procedures be run： [1] Configurations，without logical remainders 协会可持续运行 WUA ＝Infrastructure 设施（A）{1} ＊ Property 产权（P）{1} ＊ Rules 规则（R）{1} ＊ Leadership 领导力（L）{1} ＊ Trust 信任（T）{1} ＊ Interaction 协会互动（I）{1} ＋Infrastructure 设施（A）{0} ＊ Property 产权（P）{1} ＊ Rules 规则（R）{1} ＊ Leadership 领导力（L）{1} ＊ Trust 信任（T）{1} ＊ Interaction 协会互动（I）{0} 样本协会：（SGQ，JH，JT，RMQ，LPSL，NL）（QN） O＝APRLTI＋aPRLTi（方程式 3） 必要条件：PRLT 在分析中引入简化假设： O＝PRLT（AI＋ai）（方程式 3'）

Tosmana 1.302

第四节　QCA 定性比较分析与主要结论

一、农民用水户协会产出绩效 QCA 分析

有 11 个协会的灌溉用水充足性得到提升，占总样本的不足四成。同时有 11 个协会的灌溉设施得到持续改善，但这两类协会并非完全重叠。通过表 4－4 的变量组合可以得出如下结论：（1）领导力的一致性可以带来灌溉用水充足性的提升，前提是用水农户参与制定和执行有关设施运行与维护的系列规则（即当条件 L 出现时，必伴随着条件 R 的存在）。（2）然而，领导力与规则两项条件是必要而非充分的，它必须伴有或者基础设施的持续改善（A），或者农户之间重建了信任或信任基础尚未被破坏（T）以及协会与其他村级组织的良好互动（I）。（3）清晰界定的产权（P）并不能单独发挥作用，它离不开持续改善的基础设施条件（A）。（4）产权转交与基础设施的重要性常被错置了。用水充足性的提升，可以在这两项条件都不具备的协会实现。

简化分析的政策启示是，为实现用水充足性的持续提升，干预项目应在协会领导力，特别是协会主席的民主选举与执委成员的能力建设等方面予以高度重

视，并且在激励农户参与规则的制定和执行方面加大投入。尽管设施的改善能够带来短期的用水充足性提升，但是从持续提升的效果来看，重建或恢复用水户之间的信任与互惠机制，引导协会与其他组织的良好互动都是必要的条件。最后，也是十分重要的一点，灌溉公共设施的产权转交必须与来自政府的设施投入配套推进，单独的产权转交对改善灌溉的效果甚微。

1. **领导力的一致性可以带来灌溉用水充足性的提升，前提是用水农户参与制定和执行有关设施运行与维护的系列规则**（即当条件 L 出现时，必伴随着条件 R 的存在）。

首先，强有力的、一致性的领导力可以为协会带来用水充足性的提升。关于协会领导的人选，协会在引入之初严格限制村干部兼任的情况。但经过近 20 年的实践，发现无论协会是否以行政村为边界，协会主席由村两委兼任的情况都十分普遍，且一般换届连任的情况也比较普遍。水利部 2012 年对 320 个典型协会的调研中也指出，协会负责人是乡村干部兼任的有 178 个，普通农民担任的是 70 个，水管职工兼任有 72 个。因此可见，村干部兼任对保障"领导力的一致性"起到了积极影响。以甘肃敦煌灌区皂河协会（ZH）为例[1]，协会成立于 2003 年，属于一个乡镇总协会，包括 5 个行政村的分协会，以及村民小组为基础的用水单位（每个组 6—7 个管水员）。协会成立初期，对于兼任的村干部来说，增加了工作压力，但运行良好以后，则相应减少了压力。受访的协会领导认为，村干部兼任有利于统一协调，且村干部每月有 400 元工资，不再额外从协会收取工资。如果分别由不同人担任，则容易出现村两委与协会之间的纠纷。

其次，用水充足性若要持续提升，则离不开对设施运行和维护的持续管理。协会的规则要落到实处，特别是关于设施运行和维护的规则。从本研究的样本案例中可以发现，多数以村民小组为单位、农户参与制定的规则执行度更高。另外，它同时也是增强协会内部信任与互惠的过程。仍以 ZH 协会为例，其规则涉及渠道管理、灌溉管理、人员管理、水费收缴等方面。[2] 一是在配水管理方面实行配额制。由水利站根据各用水协会水权和上游各季节的来水量编制各轮次的配

---

[1] 受制于有限的财力投入，ZH 协会的灌溉设施并未得到改善。目前协会灌溉以井灌和渠灌相结合为主。渠道以 U 型渠道为主，末级渠系主要是土渠。灌溉系统"上通下堵""大水漫灌"等现象大量出现，农业生产用水得不到保证。灌区有近 65% 的斗渠、93% 的农渠仍为土渠，造成田间水的利用率低。

[2] 在 ZH 协会，以村民小组为单位，协会修改完善了《用水者协会章程》《用水协会水费计收管理办法》《用水者协会奖惩办法》《用水者协会工程管理制度》《用水者协会灌溉管理制度》《用水者协会财务管理制度》等各项制度。

水量，并将计划下达到各用水协会及用水小组，用水小组根据用水户用水量收缴水费。二是在水费公示方面。协会做到水过账清，受访农户表示，"还干部一个清白，给老百姓一个明白"。对于老百姓来说用水更加透明、明白，增强了用水户对协会的信任，以及农户之间的信任。

另一类由外部制定的规则，则依靠市场机制推动，也能实现设施运行和维护管理的持续性。当前的灌溉管理改革推行市场经济的运行规则，采用合同制形式，保障供用水双方的利益。在跨行政边界的大规模协会中，也出现了以市场机制作为补充的案例，且执行效果显著。以北京密云蔡家甸协会（CJD）为例，协会发挥市场机制的作用，设立管水员一职。管水员实行竞争上岗制度，每年签定合同，交风险抵押金 1000 元。管水员服从分会理事会的安排，负责输水灌溉设施管理、使用和维护，预收水费，抄表计量。管水员的报酬按用水量计算，每立方米提取 0.1 元。如果管水员工作失误造成设备损坏或其他损失，按照设备造价的 60% 从报酬中扣除。协会成员的用水绩效得到显著改善。①

2. 领导力与规则两项条件是必要而非充分的，它必须伴有基础设施的持续改善（A），或者伴有农户之间重建的信任或信任基础尚未被破坏（T）以及协会与其他村级组织的良好互动（I）。

用水充足性的提升，直接反映出农民用水户与灌溉资源之间的关联。良好的治理条件与基础设施的改善多数情况下也是相辅相成的。个别协会中设施未能得到持续改善的情况，与缺乏所需的外部投入关系更大。在本研究的样本协会中，有 6 个协会实现了治理要素与设施要素之间的良好互动（SGQ、JH、JT、RMQ、LPSL、NL）。6 个协会的成功经验可归纳为以下五方面：

一是协会领导积极动员农户的权利意识和全面参与。向农户开展深入的宣传，使农户认识到作为资源使用主体所拥有的管理权、使用权、收益权等权利束。以湖北东风灌区的黄林（NL）协会为例，协会组建前用多种方式向用水户进行了广泛宣传和发动，让农民知道什么是农民用水者协会，认识到黄村支渠水利设施的管理权和使用权属于自己，应当行使好这一权利。与此同时，对渠系工程灌溉面积及用水户数进行清查摸底。对辖区内的水库、渠道、涵闸等进行了详细调查，建立档案，从灌溉设施维护、灌溉用水、水费征收等三个方面建立了50 条管理规章。

二是建立健全信息，重建内部信任基础。对协会所辖的农户、灌溉面积进行

---

① 2003 年通过科学灌溉，苹果产量和质量都有明显提高，苹果精品率由 50% 提高到 75%，总产达到 65 万千克，每斤平均价格 2 元，收入 130 万元，人均近 1800 元。

摸底调查、丈量，制定专人负责与分段包干相结合的管理规则。如内蒙古河套灌区五原县人民渠（RMQ）农民用水协会，坐落于亚洲最大的一首制自流引水灌区，协会成立后，为明确用水户的权责，解决村与村、社与社之间的平衡，协会组织统一丈量土地，落实村、组土地面积。先以斗渠、生产队丈量，后村、组，最后落实到户。丈量土地用了两年时间，土地的重新丈量为对产权形成认识、亩次计费等打下基础，在收费问题上更趋于合理。在丈量土地的基础上，绘制了村土地利用现状图。如果地块大，不合乎灌溉要求的，在未改正前不放水灌溉。

三是执委成员担任管护的责任主体，分段承包。以江西省万载县双桥镇鲤陂水利（LPSL）协会为例。[①] 作为一个有 130 多年历史的民间协会，2005 年 9 月正式在民政部门注册为用水户协会。目前共有 7 名执委，均不是村、组干部，而是一般农民。尽管有着上百年的合作传统与信任基础，协会在产权和责任主体界定方面严格执行到位。协会实行分段包干制，不同执委分别负责水量调配和工程巡查：会长负责全灌区的统一调度和协调，副会长管理灌区下游工程，保管（出纳）管理中游工程，会计和另一名委员负责上游工程。

四是农户集体制定"奖罚分明"的监督和制裁规则。以湖北东风灌区当阳玉泉办事处三干渠（SGQ）协会为例。[②] 协会在支渠上修建量水堰，明确专人与用水户一道定时测量水位、流速，做到计量到用水小组。与此相配套，农户在协会领导下，参与修订规则，将"只奖不罚"修订为"奖罚分明"的规则。对不能按质、按量、按期完成维修任务的，由责任用水户按工程任务的 1.2 倍劳力折价出资由协会统一安排完成。拖欠水费的农户，其所在小组用水都要受到牵连。对完成任务较好的用水组，协会在年度会员大会上进行表彰，并给予 500 元现金奖励。

五是协会与外部良好互动。协会与村两委、上级部门在工程建设、协会创收、应对灾害时良好互动、共同应对。以新疆三屯河灌区的军户（JH）协会为例。协会成立后的两年内，进行中低田改造 9641 亩，防渗渠改造 26.3 千米，由市项目办招标工程队，农户投工投劳、以工折资。末级渠系的维护工作分包到户。为了维护协会运行的收支平衡，用水户协会与同村的番茄协会签订用水合

---

① 建于清朝同治辛未年（公元 1871 年）间，是一个十分典型的用水户自治管理灌溉事务的民间组织。新中国成立前，也曾采用承包的方式，即由保长组织甲长开会，决定将鲤陂灌溉工程包给某一个人，而此人再邀 3 至 4 人负责工程的日常维护和渠道放水。

② 2000 年 8 月受世行贷款项目一期、二期资助成立。协会亩均用水由以前的 400 方下降到现在的 300 方，水费由原来的每亩 14 元下降到 11 元。辖区内的粮食生产能力提高 10％以上，增产 2800 吨，农民人均年收入增加 300 元以上。

同，凡番茄种植户均是协会会员，但公平原则下，灌溉用水优先保证小麦供给。[①] 而非番茄等非粮食作物用水。在减少用水纠纷、支持设施建设等方面，番茄协会与用水协会的良好互动为此创造了有利条件。

3. **清晰界定的产权（P）并不能单独发挥作用，它离不开基础设施条件持续改善（A）。**

伴随着协会的组建，支渠及支渠以下灌溉设施的产权转交，并非意味着政府可以"甩包袱"。资源使用者与设施供给者之间，界定清晰的权利与责任边界，在政府和协会的有效激励下，动员农民用水户参与末级渠系的建设与维护，才是产权转交的真实意涵。因此，产权的转交，与设施的改善、协会的治理密不可分。以湖南铁山南灌区井塘（JT）协会为例。JT 协会属崩山分干渠最尾端的一个农民用水户协会，成立于 1998 年 9 月，有会员 972 人，协会代表 49 人。协会的产权转交工作比较到位，箅口镇政府在 1998 年 10 月 8 日以书面文件的形式完成了井塘水库产权转交，包括灌溉资产部分财产权利的转移、劳动用工的转移、特殊时期（抗旱时期、汛灾时期）灌溉成本水价的确定等。协会每年向水管站足额缴纳 8000 元的技术服务费。铁山灌区水库为协会的工程建设提供资金和技术服务，农户在执委会和村干部的组织协调下，成为工程建设和管理的主体。应急抗旱方面，政府、铁山灌区、协会执委会、灌水管理员、村委会干部、农户协力共同抗旱。[②] 规范的产权转交、后续的建设支持，与统筹合作应对灾害风险，充分保障了 JT 协会的绩效发挥。

4. **产权转交与基础设施的重要性常被错置了。用水充足性的提升，可以在这两项条件都不具备的协会实现。**

基础设施对于资源供给和分配的作用主要体现在两个方面：一是影响灌溉系统中供水的时间和效率；二是影响每户农民分配的水量和用于维护系统的农户投资。第二个方面则必须结合"软件设施"，即规则的执行来发挥作用（Anderies，2003）。产权的转交，还要受制于资源的使用者和设施的供应者这两者间的关系，如此，协会的治理要素成为不可或缺的必要条件。

协会治理不善主要有两类情况，一类是跨度广，涉及多个乡镇、行政村，有

---

① 同一个协会出现经济作物与粮食作物并重的情况时，按照项目对协会的要求，符合公平原则的情况下，协会优先保障粮食作物的用水需求。因此，引发的用水纠纷并不突出。

② 政府协调水源、提供资金购买抗旱设备；铁山灌区协调水源；协会执委会协调政府、铁山灌区组织水源，积极组织抗旱；村干部配合协会的工作，动员社区资源、积极采取对策；农户配合支持协会的抗旱工作。

联合治理需要的协会。以湖南铁山灌区张坪（ZP）协会为例。协会在组织人力、物力进行设施建设方面投入很大，却由于领导力的中断，规则难以执行，并未能够提升协会成员的用水充足性。ZP 协会由原来的张坪、付朝、姑桥三个用水户协会合并而成，以期解决交叉带的用水纠纷等问题。合并后的协会办公室设在乡政府，跨 25 个行政村，新的主席由原协会执委 18 人投票产生。用水户间缺乏信任基础，原有的领导力中断，协会的一些规则难以执行。如，合并后水费标准统一为 15 元/亩，下游用水户因放水不及时拒绝接受此标准。

另一类是协会所辖的行政村治理基础差，缺乏有威望的领导力，村民之间信任基础弱。以河南广利灌区南王村（NW）协会为例。协会辖 3 个行政村，家族势力影响严重。协会领导没有履行民主选举程序，而是由村委会提名候选人，会员大会表决通过。协会的章程和各项管理制度，参照水管部门的范本，张墙公布却缺乏对农户的监督和制裁约束。农户在渠道维护中的集体参与匮乏，清淤工作需由协会出钱雇人，统一组织实施。灌区专管机构组建的供水公司在斗渠口对协会实行计量收费，并开具水费专用发票。用水小组长负责配水并入户收费，工作忙时临时雇人。农户灌溉按每轮灌水实灌面积分摊水费，节省了平均的灌溉成本，却并未带来设施的改善和用水充足性的持续提升。

二、农民用水户协会过程绩效 QCA 分析

有 24 个协会的农户灌溉成本得到了节约，占总样本的八成。通过表 4－5 的变量组合可以得出如下结论：（1）灌溉成本的节约与设施的持续改善有关，但设施改善（A）不能单独发挥作用，需要配合可执行的规则（R）和强有力的并且可持续的领导力（L）；（2）若满足"持续改善的设施状况（A）、可执行的规则（R）、强有力且可持续的领导力（L）"三项条件，即便农户间的信任（T）、协会与村委的良好互动（I）两项条件缺失，对农户层面的成本节约影响不大。但当执行产权转交时，信任与协会的良好互动成为必要的补充条件；（3）当基础设施的持续改善与节约灌溉成本无关时，可执行的规则（R）这项条件变得至为重要。并且当该条件具备时，包括领导力在内的其他治理要素也可以缺位；（4）在灌溉设施并未得到持续改善的协会，产权转交对灌溉成本的节约几无影响。当产权转交发挥作用时，必须有相应的可执行的规则（R）配套推进。

QCA 分析的政策启示是，为了节约灌溉成本、激励农户参与，干预项目和政府部门应加大对协会的分权力度，特别是在涉及工程建设、水费标准方面，给予协会自行制定规则的权利空间，并要注意协会换届时的领导力的持续性等问

题。当政府或上级水管部门对协会进行产权转交时，要引导协会制定与之相应的执行规则。单独的设施投入和产权转交，对于灌溉成本节约的成效甚微。

1. **灌溉成本的节约与设施的持续改善有关，但设施改善（A）不能单独发挥作用，需要配合可执行的规则（R）和强有力的并且可持续的领导力（L）。**

设施改善带来单位面积用水量的节约，因而影响到农户层面的灌溉总成本。并且，如上节分析，规则与领导力在保障设施的持续改善方面不可或缺。从农户层面来看，灌溉成本的节约与否还与协会新的规则直接相关，特别是关于水费标准和收缴的规则。协会规则有两类制定形式：一类是完全由协会内部制定；另一类是由外部发起部门（政府或灌水机构）制定。由政府部门或灌区水管单位发起的协会，一般对协会的宗旨、组织机构、职责及权利和义务等事项作具体明确的规定。目前我国这类外部发起的协会占比近九成，其中由政府部门（包括水行政主管部门、乡镇和村委会）发起组建的协会约占50%，水管单位发起组建的约占40%，农户自发组建的仅约占10%。①

当前涉及水价标准、水费征收等关系到农户灌溉成本的重要规则，由发起部门制定的情况较为普遍。如目前水利部农业水价综合改革示范区项目，将用水户协会规范化建设作为"三位一体"项目建设的重要内容之一。② 原则上，用水户协会将国有水费纳入其运行成本核算，并根据运行成本核算单一的水费标准。而根据目前协会运行来看，自主制定水费的试点所占比重很少。特别是在"水资源依赖型"③ 的协会，供水单位对用水户协会内部事务往往有很大影响，参与或主导用水户协会的决策，甚至有些用水户协会的负责人是供水单位职工。另外，在

---

① 水利部2012年《全国农民用水户协会发展情况调查报告》，内部资料。

② 根据当前农业水费的构成，可以分为两费制、综合水费制、国有水费一费制三种类型。"两费制"，指农户支付的水费由国有水费和末级渠系水费组成（有些地方称群管费、斗管费、末级渠系维护费等，也有的地方，末级渠系水费由几项费用组成）。末级渠系水费原则上由用水户协会向农户收取；"综合水费制"是改革的方向，指用水户协会将国有水费纳入其运行成本核算，并根据运行成本核算单一的水费标准。水费标准一般由用水户协会内部民主商定，也有报政府批准或备案的。但根据目前协会运行来看，由于大部分用水户协会运行不规范，政府对于放权于用水户协会有些不放心，末级渠系水费由国有供水单位代收代管的现象比较普遍，自主制定水费的试点所占比重很少；"国有水费一费制"，指农户只缴纳国有水费，不缴纳末级渠系水费，用水户协会依靠国有水费返回维持运行，故很难保证用水户协会正常运行和末级渠系维修养护费用。这类模式在改革中已建议放弃。

③ 指用水户协会基本上依赖国有供水单位供水，自己没有水源或者自备水源用水比例很低。用水户协会在组建及运行中多依靠供水单位的支持。

"水资源自给型"① 用水户协会，也出现了由乡镇或县级政府组织主导的情况。

　　与集体选择的规则有所不同，市场机制（GS4.1）在上述外部制定的制度性规则的执行中发挥主要作用。通过规范的协议管理，市场机制的运作也可以保障协会规则的顺利落实，如上节所述的 CJD 协会。又如河北涉县的机井（JJ）合作社。作为一个县级协会，目前全县 397 眼农用机井所在村的村委会全部加入协会，另外还有省外会员 8 个。协会章程是自上而下制定的，按照章程规定，会员入会需交纳 700 元会员费，并与协会签定一份定期维修协议。会员享有章程规定的权利和义务及协议规定的优惠条件。会员建立"三证一档"②，实行规范化管理。而在由农户参与制定的"集体选择的规则"中，传统机制与合作机制对其执行情况的影响更大。更进一步的，关键是占据传统的社会声望、权力或地位的成员，特别是协会领导力所发挥的作用。通过样本案例可以看出，在满足设施改善仅有的 8 个协会中，规则和领导力（R、L）两项条件缺一不可（EQ、CT、SGQ、JH、JT、RMQ、LPSL、NL）。

　　2. 若满足"持续改善的设施状况（A）、可执行的规则（R）、强有力且可持续的领导力（L）"以上三项条件，即便农户间的信任（T）、协会与村委的良好互动（I）两项条件缺失，对农户层面的成本节约影响不大。但当执行产权转交时，信任与协会的良好互动成为必要的补充条件。

　　设施的改善对于节省灌溉用水和灌溉成本的作用发挥，关键在于协会有无良好的治理环境来保障设施改善的持续性，尤其是在领导带领下的农户参与和信任重建等方面。如前所述，规则的执行分两类情况：一类是外部强制性的规则，其执行要依赖市场机制；另一类是协会内部集体选择的规则，协会治理对其执行影响更大，特别是协会有威望的、可持续的领导力。一般情况下，规则和领导力两个要素都具备的协会，其内部的信任与互惠机制、协会与村两委或其他组织的互动也较为良好。但也有例外情况，如新疆的两个协会以及湖南铁山灌区的长塘用协会（EQ、YKKTM、CT）。新疆的两个协会是配套引入了滴灌设施，但短期内用水成本反而有所反弹，并且缺乏对农户参与的激励，水费收缴率逐年下降。而湖南 CT 协会，则是由原来独立的三个行政村为边界的协会联合而成，组建联合会以期解决上下游在配水和水费标准不统一等方面的矛盾。动员农户参与，建立、恢复协会内部的信任与互惠，无论是以行政村为单位还是跨乡村的协会，都

---

①　指用水户协会自己有独立的水源（小型水库、塘坝、机井、小型泵站等），上游无国有供水单位供水，灌溉系统自成体系。

②　即会员证、运行证、上岗证、机井档案。

是一个逐步发展的过程。协会组建之初，通过强有力的领导力和外部的市场机制干预，可以短期内保障规则得到落实。长远来看，协会（领导人）必须重视农户的参与。将新疆的 YKKTM 协会和湖南的 CT 协会对比会发现，前者以行政村为边界，却因不重视农户的参与，而出现水费收缴率逐年下降的现象；后者虽然跨三个行政村，但成立后作为一个实体机构，通过机制保障用水户的参与，正在重建内部的信任与互惠，农户的用水环境得到改善。

首先来看新疆阿克苏的佳木镇尤喀克吐曼村（YKKTM）协会。协会成立后，外部配套节水农业设施改造，20％的农田采用了滴灌设施（1130 亩）。用水量节约明显：协会成立前 1500 方/亩，水价标准 0.03 元/方；协会成立后，非滴灌地 1090.9 方/亩，滴灌地 727.27 方/亩，水价标准 0.055 元/方。灌溉成本的计算更为合理：协会成立前，按亩计费，不区分作物；协会成立后，按用水量计费，其中滴灌地的水费构成还包括电费和打井费。[①] 两种灌溉方式的成本—收益比较，2007 年，滴灌地的皮棉亩产 350 千克，非滴灌地的亩产为 250—300 千克。合计每亩水费 55 元（滴灌地）、78 元（非滴灌地）。相比协会成立前，亩均灌溉成本反而有所提升（45 元/亩）。虽然产量的提升以及劳动力的节省，也开始影响农户的态度。但总体上，协会对农户参与的激励不足，农户在协会中的参与度仅为 39％（见表 4—7）。2007 年水费收缴率为 94％，2008 年下降为 64％。从长远发展来看，协会对农户参与的激励需要加强，恢复信任与互惠机制。

表 4— 7　YKKTM 协会及农民在决策中的参与程度打分表

	没有参与	通知了协会/农民	协会/农民参与讨论（请求及建议）	共同决策	自主决策	协会打分	农户打分
水价制定	0	1	2	3	4	4	1
用水分配	0	1	2	3	4	3	1
工程投资	0	1	2	3	4	1	1
工程实施	0	1	2	3	4	0	0
工程监督	0	1	2	3	4	0	0
投资投劳	0	1	2	3	4	1	1
水费收缴	0	1	2	3	4	4	1
资金使用	0	1	2	3	4	1	1

---

① 　私人老板出资 10 万元打了一口灌溉井，农户集资分五年还清。打井费为 2 万/年/1130 亩。

财务监督	0	1	2	3	4	4	0
村民大会	0	1	2	3	4	3	3
章程制定	0	1	2	3	4	3	3
设施维护	0	1	2	3	4	3	2
滴灌工程	0	1	2	3	4	1	1
协会选举	0	1	2	3	4	—	4
小组长选举	0	1	2	3	4	—	4
人员分工	0	1	2	3	4	4	2
总计						32	25

注：以焦点小组座谈法，分别由协会工作人员和用水农户代表打分所得。

其次，来看湖南的 CT 协会。GT 协会成立前，三个分协会之间存在着配水矛盾；各分协会的水价有高有低，虽然供水单位提供的每亩购水价是一致的，但分协会自身制定的水费是有差异的；工程的维护与修建也需要统一的规划与协调。建立一个实体形式的协会，原来的三个分协会在协会的统一领导下，每年两次代表大会，代表由三个分会选出，共 44 名，其中 13 名为妇女代表，代表各用水户的利益，各分会设管理人员，由协会发工资。统一了水费标准，协会自行制定水价，统一为 16 元/亩；联合组织工程建设，新修小二型水库 2 个和 8 万立方的蓄水池 2 个；统一调配使用水资源，减少了纠纷，保障了交叉带及下游农户的用水。尽管目协会跨村的管理，缺乏良好的社会资本，但通过制度手段正在逐步建立起内部的信任与互惠，长远来看，有利于协会的可持续发展、灌溉成本的节约和用水充足性的持续提升。

3. 在灌溉设施并未得到持续改善的协会，协会内部的信任（T）对于灌溉成本的节约至为关键，强有力且可持续的领导力（L）、协会与村委的良好互动（I）等治理条件的重要性凸显。

当农民用水户协会引入中国后，如何重建与恢复协会内部的信任与互惠机制，成为影响中国的农民用水户协会可持续运转的一个关键。① 在本研究的案例

① 罗家德（2013）在四川的行动研究借用"关键群体"理论，提出关键群体的达成及这群人有足够的合作能力产生集体行动的规章制度以及互惠机制与监督机制，相互监督使集体行动持续，最终完成组织的专业化、规范化。

中，湖北枝江市中剅渠系（ZDQ）协会、湖南铁山罐区骆平（LP）协会、安徽淠史杭灌区七里岗（JQ）协会、甘肃敦煌灌区皂河（ZH）协会、北京密云蔡家甸（CJD）协会分会等，在灌溉设施未能持续改善的条件下，仍能实现灌溉成本的节约，协会内部的治理资本发挥关键作用。

在这 14 个协会中，有 7 个协会跨多个行政村，有 3 个协会是井渠合灌型，有 5 个协会主席由普通农民担任，成立后有 3 个协会扩大了灌溉覆盖的范围。尽管普遍面临设施持续改善的难题，协会在治理架构中，采用科层制的管理方式，层级分明，以自然村为单位划分的用水小组制，由各组有威望的小组长担任用水小组组长，通过多种途径改善协会的治理环境，进而保障了灌溉绩效的提升。

一是当协会内部共享的社会规范较强，或者说社会资本保存完整，对于这类协会，农民的认同和行动单位也是基于村民小组为单位的、由地方性共识所决定的。以四川通济堰丛林（CL）支渠协会为例。通济堰灌区开创于西汉末年（公元 25 年），距今已有近两千年的历史。过去水费通过县、乡、村行政系统收取，^①收缴率低。2001 年，灌区管理处在大跌水村开展了组建丛林支渠农民用水户协会的试点工作。丛林支渠位于西干渠尾部，长 2.8 千米。涉及 5 个村，18 个用水小组，689 个用水农户，人口约 3000 余人。在管理处的协助下，每个用水户小组民主推选 2—3 名会员代表，再由 30 多名会员代表选举协会的 5 名执委会成员。协会的灌溉管理，采取以组为单位，组长负责放水，并将计量水费摊到各户的灌溉面积上，向各户收取，通过协会直接上缴通济堰灌溉管理处。近两年的水费缴纳率均保持在 95% 以上。

二是需要重建协会内部的信任度、恢复互惠机制的协会占比较大，成为影响协会治理和绩效的关键。协会成立前，多数村庄的用水缺乏组织、渠系差，农户间纠纷多，信任与互惠普遍缺失。对于以行政村为边界的协会，重建信任的路径，协会一般在照顾弱势群体、多途径激励农户参与等方面入手。首先，对少数

---

① 按规定，所收水费的 49% 留县水利局，用于支付县、乡村所负责的工程维护管理费用；另外 51% 上交通济堰灌区管理处。由于水费收缴率低，加上各县截留、挪用、拖欠。使通济堰管理处的运行困难，不得不贷款搞工程维修和拖欠施工单位的工程款。

家庭经济确实困难交不上水费的农户，实现免交或代交，如 YS 协会[①]、ZDQ[②]协会；其次，鼓励妇女的参与，特别是英国发展计划署的项目试点协会，把这一项作为项目重点目标。对作为农业生产主力军的妇女来说，协会提高了妇女的参与和地位，如 KB 协会；再次，组织农户学习培训，开展业余活动、扭秧歌、建立图书馆等，吸引村民参加，如 GZZ 协会。另外需要注意的是，除了恢复农户间的信任外，还需注意农户对供水公司的信任危机。如 YS 协会，灌区单位收取水费后，无法及时供水，农民对协会信任度下降也将影响到协会的可持续运行。

三是对于跨行政村或乡镇的协会，完善水平和垂直治理架构，明确管理、技术、日常灌溉等组织分工，是建立协会内部共有规范和信任的重要手段。以湖北东风灌区中剅渠系（ZDQ）协会联合会为例。协会所辖四个行政村的渠系与水库供水问题较大，[③] 当地考虑成立联合会，统一配水和灌溉管理。以水库或者渠系（高、中、低）为灌溉单元，以村民小组（自然村）为单位成立用水小组，落实干支渠的管护主体，每 4.5 千米由专人管理（见图 4—5）。相比之下，缺乏完善的治理架构，在外部推动下成立的跨行政边界的协会，即便有市场机制的推动，农户的参与也易流于形式。以 YS 协会为例。作为项目试点，区地方专门成立了由镇村干部、供水单位、农发办工作人员组成的协会筹备组，拟定协会章程，组织召开用水户代表大会。缺乏强有力的领导力和治理架构，一系列的培训、宣传发动活动流于形式化，留守农户对非技术类培训不感兴趣，演变成"培训领钱"会。ZPGQ 协会也类似，作为一个县级政府推动成立并由县政府领导兼任协会领导的协会，包括配水计划、协议书、维修计划、责任书等一系列强制性规则，短期内依靠政府的行政强制和市场机制，对于节约灌溉成本有一定影响。但协会治理要素不改善，可持续运转难以为继。

---

① 协会照顾弱势群体，对少数家庭经济确实困难交不上水费的农户，实现免交水费由协会代表交。对有写不交水费的"钉子户"，协会管理人员采取措施停止供水，对私自开口放水的农户给予一定的经济处罚。

② 四岗村四组农民王道贵一家四人，夫妇双方智商低，母亲年老体迈，儿子尚在读书，家庭生活十分困难，针对他家庭的实际情况，通过协会代表表决，协会没有向他收取一分钱的水费，帮助引水到田间。

③ 具体表现在：各村没有蓄水设施（堰塘），只能依靠水库统一放水。且四个村共用一条渠道，缺乏统一协调。末级渠道不畅通导致放水困难，加之按面积均摊水费、水量的计量不易等，造成上下游用水成本差异大，输损由末级用水户承担（上游 18 元/亩，下游 25 元/亩），用水农户间的矛盾纠纷不断。

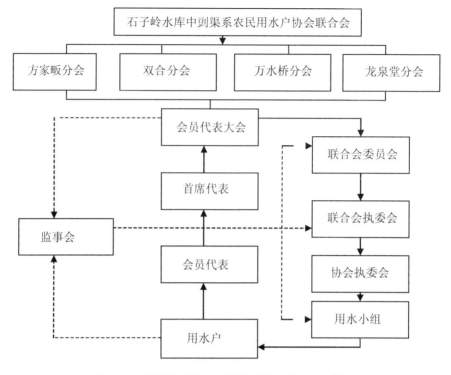

图4—5　湖北东风灌区中刿渠系协会联合会机构图

4. 在灌溉设施并未得到持续改善的协会，产权转交对灌溉成本的节约几无影响。当产权转交发挥作用时，必须有相应的可执行的规则（R）等治理要素配套推进。

在产权归属不清晰、灌溉设施并未得到持续改善的协会，短期内治理的改善能够带来灌溉成本的节约。而对于治理的改善，农户间的信任（T）、可执行的规则（R）、以及协会与村两委的良好互动（I）、领导力的一致性（L）发挥重要作用，尤其是规则（R）和领导力（L），两个可以分别单独发挥作用的要素。但从长远来看，节约灌溉成本的绩效目标难以为继。新疆YKKTM协会即为例证。一个可能的走向是，以市场化机制为主的设施供给，无法为修复水利提供有效供给，导致农民或者协会领导的机会主义行为。在此种情况下，即便完成了产权转交，其作用得不到有效发挥，产权清晰（P）的重要性无法体现。30个样本案例中只有11个协会的灌溉设施可以持续改善，目前全国范围内，仅有17％的协会能够承担起小型农村水利工程的有效管护和灌溉服务。

水利部的调查将缺乏有效设施供给的深层次原因归为产权不清，指出"首先是协会地位及责权没有明确，尤其协会没有是工程产权和末级渠系水价制定权。

根据典型协会统计，运行不好的协会中有 67％没有工程产权。没有工程产权一方面不能调动协会组织农户参与灌溉管理和小型水利设施管护的积极性，也不能按照'一事一议'方式确定水价收取水费；另一方面没有给协会提供实现自我运行和自主管理的资产条件，协会就不能利用工程设施从事经营服务活动，增加经费来源。"需要注意的是，根据最新的国际研究和国内经验（见第三章），"只要社群有可执行的撤资权、管理权和排他权，在没有让渡权的情况下也可以进行有效的管理"（Agrawal and Ostrom，2001）。相反，在缺少信息、缺乏信任和农户参与的情况下，自上而下的分权努力会降低有效性（Andersson and Ostrom，2008）。本研究的简化分析指出，当产权转交发挥作用时，要么配套改善基础设施（A），或者有相应的可执行的规则（R），长远来看，还包括协会领导力的建设和信任、互惠机制的建立。

以内蒙古王原县银定图乡宏胜村（HSC）的专群共管模式为例。2001 年建宏支渠管理改制为专群共管，减少了上交的水费，短期内节约了亩均用水量，从而节省了灌溉成本。但灌区大部分改制渠道，由于资金、设备以及专业量水人员的短缺，配套的量水设施没有充分利用。量测技术不符合水文规范，群众认可程度比较低。国家取消农业税和"三提五统"后，"一事一议"更难执行。而与此同时，水价不断涨高，收缴水费相当困难，社员拖欠严重。2004 年共拖欠 5 万元，其中 2 万元是利息。年积月累使协会难以运转。进而对兼任村干部的激励不足，领导力的一致性遭受考验。书记、主任、村民小组长中有 50％不想续任，包括宏图村 12 个社中的 6 位村干部及其他村 8 个社中的 5 个村、组干部，"不愿意干，没有钱"，"是要钱的干部，天天向老百姓要钱"，成了他们的自嘲。春灌期，有 80％的农户需要贷款，负担比原先大得多，形成恶性循环。

三、农民用水户协会影响绩效 QCA 分析

从总量来看，30 个协会中仅有 7 个协会满足以上条件（SGQ、JH、QN、JT、RMQ、LPSL、NL），可以收支平衡、持续运转。有 11 个改善了灌溉用水的充足性，而绝大多数协会（26 个）成立后，短期内能够为百姓节约灌溉成本。可见协会三类绩效按照实现的难易程度划分，从易到难先后是过程绩效、产出绩效和影响绩效。换句话说，协会成立后，短期内节约农户的灌溉成本很容易达成，无论是通过设施改善还是任一治理条件的满足；实现用水充足性的可持续提升，相对要求更高，单独的设施改善或单一治理条件的提升均无法满足该目标；而对于协会的可持续运转，设施产权转交十分必要，而协会成立后的短期内设施

改善与否并不关键；与此同时协会治理的四项条件，可执行的规则、领导力的一致性和农户间的信任、协会与村两委的良好互动等不可或缺。

（一）强调工程设施所有权归农民用水协会所有，但执行不力、权责边界模糊，缺乏对用水户的有效激励，导致供给机制与运行机制相混淆。

一方面，目前协会组建过程中，产权转交推进缓慢。根据水利部 2012 年典型协会统计，约有 60％的协会没有工程产权。而在本研究的样本案例中，仅有 13 个协会进行了产权转交。另一方面，与产权转交相伴的是，界定农民用水协会和政府各自承担的责任和义务，避免推诿扯皮，责任不清。明晰的产权界定，是灌溉设施状况持续改善、协会可持续运转的一项必要条件。实践中，出现的问题主要表现为供给机制与运行机制混淆：承包、租赁经营、"拍卖"（竞价承包）等小型农村水利供给机制，释放了一种错误的信号，一方面农民用水户将市场化的承包制供给与参与式的运行管理混淆，对于参与管理的重视程度和积极性不高；另一方面，承包、租赁、拍卖、股份合作等改革中，对灌排设施和灌排服务性质界定不清，市场化的承包主体追求个体利益最大化、短期行为严重，与用水户的利益形成冲突；三是政府与协会的权责边界缺乏规范性的界定，政府作为大中型水利设施供给者和协会作为小农水设施供给者的角色、分工与衔接有待进一步规范，特别是政府的转权方面。以实现协会收支平衡的三干渠协会为例，在地方政府的支持下，将 1 座小一型水库交由协会承包经营，连同其他 6 座小二型水库实行统一养殖技术服务，为协会重要的创收渠道。

（二）市场机制主导下，协会的可持续运行，一是需要国家自上而下推行综合水价改革；二是要鼓励在协会内部形成盈利创收机制。这两项措施得以落实，需要协会不断改善的治理要素作为前提条件。

农民用水户协会在发展初期，一般资金积累较少。对较大的开支项目（如更新改造、大修理等），应需要的资金数量大，单靠农民用水协会积累的资金无法实现。取消农业税以后，"一事一议"等难以执行。大多数协会收支难以平衡。本研究样本中仅有 7 个协会勉强实现自负盈亏。主要收入来源：一是，结合量水设备的完善，配套推行末级水价改革。以新疆三屯河灌区军户（JH）协会为例。[①]协会自 2006 年起，实行用水"配额制"，制定了《水费收缴超额加价管理

---

① 依据国家发改委、水利部《水利工程供水价格管理办法》（第四号令）和《新疆维吾尔自治区水利工程价格核算办法》的通知精神，对全流域水利工程供水农业灌溉用水的供水成本进行核算。规划的主要内容包括用水定额、农业供水成本、农民承受能力、终端水价、财政补贴水费标准测算，以及水价调整计划等。

办法》：供水定额（480方/亩）、超量加价（原价0.0894元/方、超额水价0.134元/方）。该办法主要针对承包地用水，农户用水一般不会超额，非承包地的用水不论超额与否均按超额水价。2007年末召开会员代表大会，100多名会员代表参加，多次讨论末级渠系维护费的收缴，最终获得会员举手表决通过。二是，协会发挥"造血"功能、引入创收机制。以湖北东风灌区三干渠（SGQ）协会为例，一方面协会扩大服务范围，为所在地的企业和90多个养殖户供水增收；另一方面，在租赁荒山30余亩、兴建渔池20亩，从事种养殖业的同时，将周边的养殖户组织起来，成立用水户协会下的养殖分会，协会统一销售饲料、鱼产品等创收，靠兴办经济实体，全年共可筹集管护经费5万多元。又如湖北黄林（HL）协会，协会大力兴办经济实体，增强自身实力。协会在库区上游经营精养鱼池50余亩，修建猪圈3栋，养猪20头，饲养蛋鸡200只；进行立体养殖，在协会的院子内，种植柑橘树200株，用这些收入弥补灌溉水费的不足，减轻了农民负担，增强了协会的经济活力。

（三）从样本协会的案例来看，产权转交和水价改革的政策措施得以落实，都离不开协会不断完善的治理要素。包括可执行的规则、领导力的一致性、信任的重建、协会与村两委、其他村组织的良好互动。

首先，协会规则的执行，与协会和农户在决策中的参与程度直接相关。以新疆青年农场六队（QN）协会为例，根据打分表可见协会的参与度高，规则的执行度亦高（可与新疆的YKKTM协会对比）。

表4-8　青年六队协会参与决策打分表

协会在决策中的角色：	没有参与	通知了协会	协会参与讨论（请求及建议）	共同决策	自主决策	打分
用水分配的制度安排	0	1	2	3	4	3
协会层面的用水分配	0	1	2	3	4	4
作物种植模式（种类、时间）	0	1	2	3	4	3
人员配置（角色、分工及实地人员）	0	1	2	3	4	3
维修（需求、优先序、实施安排）	0	1	2	3	4	3
服务费（比例、收缴、使用）	0	1	2	3	4	3
渠系复原及改善（需求、优先序、实施安排）	0	1	2	3	4	4
主要工作的资金支持（包括成本分担）	0	1	2	3	4	3

其他管理规定（筑堤、排涝期）	0	1	2	3	4	4
支持性服务的获得	0	1	2	3	4	3
34						总计

其次，用水户协会领导由体制内精英兼任的情况，在调动社会资本、节约协会成本方面有其合理性。但在协会换届选举中，领导力的一致性问题应当给予关注。在可持续运转的 7 个协会中，4 个协会主席由现任村干部兼任（JH、QN、JT、RMQ），1 个由曾任村干部担任（NL），另有 2 个协会主席由基层水管站工作人员兼任（SGQ、LPSL）。以 SGQ 协会主席为例，由体制内精英兼任，从社会资本、协会成本等方面都具备兼任的合理性。另外，从领导力的产生到集体选择的规则的制定，有助于降低交易成本，并通过领导力的企业家精神发挥协会造血功能来承担规则达成的交流成本等一系列变量之间的相关关系。并且在协会的监督、制裁中，结合了暴力强制机制，使得集体选择的规则得以执行。随着协会成立后的不断运行，协会换届中兼任主席继续当选的情况辈出，但也引发过一些问题，如缺乏激励、精力难以兼顾等。因此，协会主席换届中，如何保持领导力的一致性是需要进一步探讨的问题。在 JT 协会中，前任黄主席年龄大，缺乏合适的人选作为接班人。面对领导力的一致性问题，黄主席卸任前物色了一个年轻小伙，加强培养，锻炼他的协调能力和沟通能力，老主席传帮带，年轻人迅速成长。2008 年初，协会换届新主席当选，基本上具备了一个协会主席的能力。

再次，信任的重建、协会与村两委、其他村组织的良好互动，反映的是设施要素与治理要素之间的互动关系，关切到协会的可持续运转状况。在一个用水户协会中，当用水户缺乏对承包者的信任（尤其当承包者不再来自体制内时），社区共享的社会规范、社会资本遭到破坏。当传统机制不复存在，通过引入用水户协会，通过制定互惠机制、行动者的能力建设，由协会承担集体选择规则的交流成本，集体选择的规则对领导权和使用者形成有效激励，集体行动投资、游说、自组织建设、管理与监督等集体行动则可能达成，为协会的可持续运转提供必要条件。另外，当协会在创收机制上进行创新时，更需要处理好与村两委、其他组织的关系。这涉及到治理系统与资源系统的互动问题，资源的功能冲突，满足灌溉需要和创收需要的优先序、公平性。以 SGQ 协会为例，优先保障灌溉需要为一项基本原则。不仅如此，协会还实行兼顾公平的用水差价，通过互惠机制重新恢复农户间的信任和农户对协会的信任。协会分别体现在上下游的差别水以及对贫困农户的优惠水价。对于协会的特贫困户，规定参与冬季工程维修，减免其水费。但决议由执委内部决定，不对农户公布，以免相互攀比。

第五节　本章小结

本章将 QCA 定性比较分析方法应用到中国农民用水户协会的小样本分析中。基于奥斯特罗姆的 SESs 理论框架和第三章的案例研究结论，从产权、集体行动的群体特征和共享资源特征等三个维度识别出六个核心变量：产权归属的明晰度（GS3）、一系列可执行的灌溉运行和维护的正式规则（GS5、GS6、GS7）、领导力的一致性（A5）、成员间的信任与互惠（A6）、基础设施是否持续改善（RS6）以及协会与其他组织良好互动（RU3）。基于第一章第二节，分别从协会的产出、过程和影响绩效三方面筛选出 3 个被解释变量，"用水充足性是否持续提升""农户的灌溉成本是否节约""协会是否持续运转"。30 个样本协会来自 16 个省、自治区的项目或政府推动的符合协会组建要求的用水户协会。通过 QCA 定性比较分析，识别出实现三个绩效目标所需要的不同条件组合，并回到案例本身深入剖析，为建构中国集体灌溉管理新模式提供了实证基础。

第五章 农民用水户协会的运行绩效
——一个本土化的解释理论建构

本章将基于第三章和第四章的案例研究，基于 SESs 社会生态系统理论框架，建构中国农民用水户协会运行绩效的解释理论，分别从三个层面入手：一是 SESs 系统与外部社会、经济、政治背景变量的互动分析；二是资源子系统、治理子系统、行动者子系统和资源单位四个子系统之间的变量互动分析；三是单个子系统内部的变量要素与变量组合分析。

第一节 系统与外部背景变量互动分析

灌溉系统中要应对的两类集体行动困境（Anderies et al，2013）：第一类是硬件设施（系统中的灌溉设施）的供给和软件设施（规则、信任、互惠、权力关系等）的建构，即基础设施的修建、管护以及治理系统的建构等，视为本土化的制度安排与社会结构的问题；第二类是公共池塘资源中典型的非对称性动机困境，视为地方情境中的微观机制问题。如渠系首尾的优势农户与劣势农户，前者对资源的过度获取，后者在供给和维护中的搭便车行为。90 年代中期，中国借助外援项目的机会引入用水户协会之际，正遭遇以上两类集体行动的困境。

具体来看，一是由于政策稳定性（S3）的中断对治理系统中的产权安排（GS3.1）、设施供给（RS6）以及当地的共享社会规范、社会资本（A6）所带来的冲击。可以用如下公示表示：

$$S3—>GS3.1—>GS5.1.1；S3—>RS6—>RS8；S3—>A6$$

二是政策稳定性（S3）的中断导致本土化的正式领导力（A5.1）被取消，连同灌溉系统内部的群体异质性（A8.1、RS8.2）等因素共同作用，导致对社会资本（A6）的冲击，致使群体达成集体行动的交流成本（GS5.2.1）不可支付，系统治理的运行规则（GS5）无法达成或执行。可以用如下公式表示：

$$A5.1—>A6+A8.1+RS8.2—>GS5.2.1—>GS5+A5.1—>GS6+GS7—>RS6+RS7$$

第三章中曾集镇灌溉管理系统的案例动态揭示了这一过程，分为三个不同时期，外部的政策稳定性中断，对 SESs 的资源系统、行动者系统和治理系统分别带来不同层面的影响。依据 IAD 的七项设计原则进行检验，发现随着系统走向设施供给的第三个阶段，灌溉系统的各主要子系统无法满足七项设计原则的要求，即如上述，产权不清、新的治理结构未建立，外部的制度性规则无法执行（如市场机制下的灌区水管机构的"以钱养事"、村集体的"一事一议"等新的制度规则）；村民小组长为代表的正式领导力被取消，社区内部信任平衡被打破，原有的以村民小组为单位的责任共同体遭遇外部冲击，群体异质性带来的非对称性动机引致交流成本的无法偿付，新的集体选择的规则不能达成。

根据 SESs 理论框架所识别的外部变量，除了政策稳定性（S3）的中断，其他影响变量还有经济发展（S1）、人口趋势（S2）、其他治理系统的变化（S4）、市场化（S5）以及专家（S6）和技术（S7）的影响。根据贺雪峰（2013）的总结，上世纪 80 年代初，土地分田到户之后，农户层面经历了两次单干。第一次单干是生产以户为单位，但灌溉仍采用集体模式，即生产单位从村社到村组；第二次单干是取消村民小组长和共同生产税等，灌溉单位从村组再到农户。换句话说，过去以村组集体为用水单位的强制性、组织化治理模式不复存在。与此同时，劳动力的非农转移使得农户层面的非农收入比重加大，对灌溉农业的经济依赖性降低，市场交换的行动逻辑（半熟人社会的行动逻辑）渐渐取代了互惠、合作等传统熟人社会的行动逻辑。以经济指标来衡量，群体异质性也有所加剧。个体化的新技术（抽水机）的引入，更加剧了对规则与当地条件的一致性的破坏。

第四章中无法持续提升灌溉管理绩效的协会案例，无论是在产权安排（GS3.1）还是设施供给（RS6）方面，未能实现有效转交，没有达成新的制度安排。按照项目对组建协会的要求，支渠及支渠以下灌溉设施要进行产权转交：多数协会未能按照项目要求进行产权转交，地方政府的"甩包袱"行为恶化了集体供给的困境。产权转交，意味着过去作为设施供给者的地方政府或水管单位与作为资源使用者的用水户协会之间，界定清晰的权利与责任边界。不仅如此，更需要在当地政府和协会领导的有效激励下，动员农民用水户参与末级渠系的建设与维护，重建群体内部的信任与互惠，增进协会与其他组织的有效互动。以期通过协会作为新的治理主体，实现设施的有效供给、维护，并能满足协会自身的独立运转，这才是自上而下的产权转交和外部干预的真实意涵。

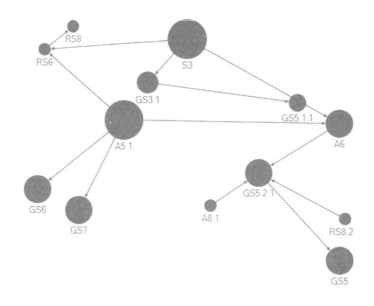

图 5-1 农村灌溉系统与外部背景变量互动可视化网络图

第二节 四个子系统之间的变量互动分析

在外部背景变量变迁的环境下，应对灌溉系统中的两类集体行动困境：一是要恢复设施供给中的集体行动；二是要重建资源使用中的集体行动。如图 5-2 所示，治理子系统、行动者子系统对资源系统和资源单位的影响最为关切。其中，治理子系统中的非政府组织（GS2）和行动者子系统中的领导权（A5）所占权重最大。第三章凯佐乡的自主管理案例和第四章的用水户协会案例，分别代表了中国农村集体灌溉的两种新走向：前者延续了以传统行政主导的集体灌溉，后者则是引入了参与式的自主治理组织。分别从 SESs 四个子系统的互动层面，透视两类管理模式走出集体行动困境的路径和机理之异同。

第三章中，凯佐乡六个以村民小组为单位的集体设施供给与灌溉管理，与 IAD 七项设计原则相符，取得了成功（见图 5-2）。首先，在设施供给方面：以村民小组为单位的清晰的系统与成员边界（GS3），提供了一个信任和互惠的、具有共享社会规范和社会资本的社区基础（A6）。村民小组长的角色（A5），对于维系村民对组织权的最低程度的认可至关重要。在村民小组这一集体行动单位中，对使用者和资源的监督、分级制裁、冲突解决机制等一系列规则的执行（GS5、GS6、GS7），也都离不开强有力的领导力、村民的参与以及边界组织的介入（政府和非政府组织的角色与介入）。集体供给灌溉设施的过程，再生产了作为责任共同体的行动单位，并得以机制化（非正式组织），产权归属清晰、运行维护有非正式的机制保障。用公式表达如下：

$$GS3＋A6＋A5—>GS5＋GS6＋GS7＋S4—> A6.3＋A6.3.1.1＋A6.3.2.1$$
$$—>GS2＋GS3＋GS4—>RS4＋RS6$$

其次，在资源使用方面分两种情况：一种是在设施供给者与资源使用者完全重合的简单灌溉系统中，对水源控制的正式性领导权（A5.1）（兼具领导力的社会声望A5.2.2和领导力由体制内精英兼任A5.2.3两个指标）和当地的共享社会规范、社会资本（A6）（特别是成员间的帮工、换工A6.2.3）发挥不可或缺的作用。在供给者与使用者并不重合的黄家寨水库，由地方政府、村民，以及村干部共同控制水源，行政权威与传统权威共同作用下亦能克服非对称性动机带来的交流成本难题（GS5.2.1），达成集体选择的规则（GS5.2），在新的集体行动的过程中（A6.1.1），再生产了本土化的集体管理运作机制（GS5）、制裁和监督规则（GS6、GS7）。用公示表达如下：

$$A5.1＋A5.2.2＋A5.2.3＋A6.2.3＋A7.1—>GS5.2.1—>GS5.2$$
$$—>A6.1.1—>GS5＋GS6＋GS7—> RS7$$

第四章的30个样本协会的成功案例中（包含但不局限于协会可持续运转的案例），可以检验：引入新的治理安排（GS2）和使用模式（GS3、GS4）所带来的可能的内生发展，自变量包括关于自主治理的领导力、规则、权属等。无论是设施集体供给，还是资源集体使用，协会作为一个正式合作组织（GS2）的建立，特别是治理架构（GS2.3）的完善，为农民用水户参与工程决策（A6.1.4）和组织监督（A6.1.5）提供了一个集体行动的平台和制度性规则（GS5.1）。与凯佐乡的案例类似的，一类是设施供给者与资源使用者完全重合的平台，即以行政边界组建的小规模协会；另一类是以水文边界或设施覆盖的灌溉边界为单位组建的跨行政村、乡镇的大规模协会。两类协会中，由体制内精英兼任（A5.2.3）且由民主选举产生（A5.3）的领导力（A5）是关键，对于大规模协会而言，民主选举尤为关键。协会主席领导下的农户参与，有助于建立起协会内部信任（A6.1），提升成员间互惠（A6.2），建构以协会为单位的、跨行政村的责任共同体（A6.3）。该责任共同体得以嵌入协会的层级治理架构，与村两委和其他组织形成互动（I4、I5），集体制定与当地条件相一致的规则，并得以落实，特别是集体设施供给（RS6）。当以上条件组合具备时，产权转交（GS3.1）方可以发挥有效作用，配合领导力的企业家精神（A5.2.1），创造协会多元化收入渠道，落实水费改革的新规则（GS4.1.1），持续改善灌溉管理绩效，维持协会的可持续运转（GS2）。用公示表达如下：

$$A5.2.3+A5.3+GS5.1 \longrightarrow A6.1.4+A6.1.5 \longrightarrow GS2.3+A6.1$$
$$\longrightarrow A6.2+A6.3 \longrightarrow GS2.3+I4+I5 \longrightarrow GS5.2 \longrightarrow RS6+GS3.1+A5.2.1$$
$$\longrightarrow GS4.1.1 \longrightarrow GS2+RS4+RS6+RS7$$

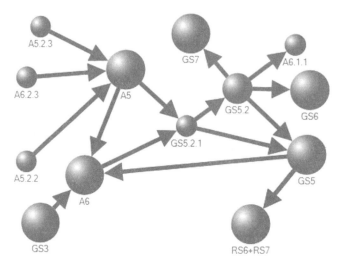

图 5-2　传统灌溉中子系统变量互动可视化网络图

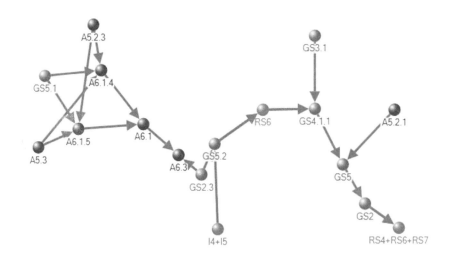

图 5-3　用水户协会子系统变量互动可视化网络图

第三节　子系统内部的变量组合分析

基于对中国农民用水户协会 30 个样本的 QCA 分析，第五章第二节的 No-deXL 可视化网络图已识别出四个子系统变量互动的特征。进一步转化为螺旋图之后，发现互动的影响不仅发生在不同层面上的概念变量之间（见图 5—3），而且呈现出与特定问题（如协会可持续运转与否）最相关的互动层次和时序。如图 5—4 所示，不同子系统中的关键变量，由内核至外延分三个层次：

首先，内层的 3 个关键变量分别是信任（A6.1）、制度性规则（GS5.1）、农民在工程决策和组织监督中的参与（A6.1.5）。

协会的引入，按照试点项目的要求，有一套自上而下推行的制度性规则（GS5.1）。在 CPRs 团队研究中采用成文规则（written rules）的概念，但强调的是农民集体制定的规则，内容涉及配水（allocation）、放水（distribution）、渠系维护和建设，以及水价制定和水费收缴。在中国的本土化变量列表中，笔者将它与集体选择的规则（GS5.2）进行了区分。基于中国用水户协会的实践经验，农民参与集体制定的规则主要是放水管理和渠系维护，而涉及工程建设、配水、水价和水费收缴则多由自上而下的外部干预所制定。而外部制度性规则的执行程度，与协会内部信任度（A6.1）直接相关，特别是农民的参与（A6.1.5）。这就构成了一对矛盾，若决策过程中排斥农民的参与，则规则的执行性可能遭受考验。早在 90 年代中期，奥斯特罗姆（2012：112）就注意到了这一问题，在她的八项设计规则中，特别强调"集体选择的安排"，并指出在长期存续的自主组织和自主治理的案例中，"即使信誉是重要的、人们都认同遵守协定准则的、重复出现的情形中，信誉和共同准则本身并不足以生产出长期稳定的合作行为"。当前中国用水户协会中，农民参与决策程度普遍较低，如样本案例中的 YKKTM 协会（见表 4—7），在涉及工程供给、资源使用的重大规则决策中，农民参与度极低。尽管改革的设计者将其列为重要组建原则[1]，但如何在协会治理中提升农民的实质性参与，将是制约协会可持续发展的关键因素之一。

其次，处于中间层的 5 个关键变量，包括设施供给（RS6）、集体选择的规则（GS5.2）、水价市场化（GS4.1.1）、治理架构（GS2.3）、责任共同体

---

[1]　用水户协会组建的宣传中，政府政策文件中普遍强调：实行用水户参与灌溉管理，就是将工程的所有权、使用权、管理权和用水的决策权交给农民。

（A6.3）。

引入市场化机制，激励农户节约用水，维系协会自负盈亏、独立运转，是灌溉改革的一项重要原则。与用水户协会建设配套推进的另一项制度，综合农业水价改革进展缓慢。除了上述缺乏农民的实质性参与，还有工程设施不配套、协会治理架构不完善、协会尚未发挥责任共同体功能等诸多要素共同所致。在本研究的30个样本协会中，实现协会收支平衡的仅有7个。据水利部2012年对全国320个典型协会年均收支情况的统计，运行管理和工程维护亩均需求分别为6.4元和9.8元，实际支出分别为3.2元和2.6元，满足程度仅为50％和26％。面对水价改革与设施供给的双重困境，仅从协会内部治理来看，协会缺乏自主制定集体规则的权利。本研究中的7个独立运转协会，前提是有完善的治理架构，协会已建构成为一个责任共同体，农民在末级渠系工程建设决策中的参与度高。即便在上述条件组合下，水费返还或末级渠系水费仍不能保障协会的收入。协会的创收机制成为重要的经费保障，它又受制于协会领导力、产权转交等条件。

再次，外层的7个关键变量，分别是产权转交（GS3.1）、领导力的企业家精神（A5.2.1）、组织的能力建设、组织统筹、治理架构（GS2）、与运行规则的耦合（GS5）、设施维护（RS4）、设施生产力（RS6）、资源供给（RS7）。

衡量协会可持续运行的三个关键绩效指标分别是，设施维护（RS4）、设施生产力（RS6）和资源供给（RS7）。从图5-4看出，协会作为自主治理架构，也是一个动态建构、不断发展的过程，由内至外的关键变量发挥着主要作用。作为最外层的条件变量，如上所述，产权转交（GS3.1）和领导力的企业家精神（A5.2.1）的作用尚未引起到改革推动者的重视。根据对30个协会的QCA分析，这两项条件是协会创收、维持独立运转的关键因素，以有效解决设施供给和资源使用中的可持续性等问题。根据2012年水利部对全国320个典型协会的统计，运行不好的协会中有67％没有工程产权，不能调动协会组织农户参与灌溉管理和小型水利设施管护的积极性，也不能按照"一事一议"方式确定水价收取水费，水费收缴率。可见，当前对于协会的组建要求，由外部自上而下推行的供给和使用规则，其占有和供应与当地条件不相一致，从而遭遇执行困境，运行不佳。

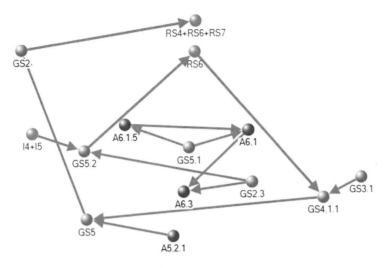

图5—4 用水户协会子系统内部变量可视化网络图

第四节 本章小结

农民用水户协会,在政策变迁的冲击下引入中国,以期通过自主治理的制度设计建立可能的内生性发展,应对当前灌溉系统中的设施供给和资源使用两大集体行动困境。由工程变量(如设施供给、产权转交)与治理变量(领导力的一致性、规则的可执行性、信任与互惠机制、协会与其他组织的互动)所组合而成的不同条件中,SESs四个子系统中不同变量间、与外部背景变量间的互动关系,不仅发生在不同子系统、不同层级的概念变量之间,而且呈现出与特定集体行动困境最相关的互动层次和时序,关键变量可能按照影响力强弱与事件序列组合呈螺旋状。

基于第三章和第四章的案例研究和SESs社会生态系统理论框架,本章分别从两个层面分析了当前我国农民用水户协会大多数运行绩效不佳的微观机理:一是受到外部社会、经济、政治环境的影响,尤其是取消村民小组长、市场化导向的设施供给与资源使用等政策的推行,对传统行政主导的集体灌溉管理形成冲击;二是引入新的治理安排和使用模式后,缺乏可持续的自主治理的领导力,协会和农户缺乏在水价制定和工程供给中的决策权,自上而下的产权转交执行不力,协会短期内带来的产出和过程绩效提升,从长远来看,难以为继。协会自身的可持续运转面临挑战,领导力的一致性、规则的可执行性、协会内部的信任度以及协会与外界的互动,是治理层面影响协会绩效的关键条件。

第六章　结论与讨论

过去很多研究采用以变量为中心的分析策略，强调单个变量的解释价值，而忽视了其他条件的变化。SESs理论框架采用实证主义方法论，诠释集体行动的困境，即什么条件下个体使用者能成功地达成集体行动以解决"公地困境"难题。SESs提供了一套以案例为中心的分析策略，允许研究者利用一套共同的概念工具，关注特定变量组对特定案例组的解释价值。以协会为中心的研究对象而言，用水农户的行动单位边界具有多样性和不确定性，往往会模糊掉结构性系统边界的界定。无论是否与结构性系统边界重合（如以行政村为单位的协会），农民用水户协会，当视作非工程性边界（非结构性）的分析界面。以奥斯特罗姆为代表的公共池塘资源团队（CPRs）及其新制度主义学派的研究，识别出了三类关键变量组——产权、群体特征、共享资源特征，探讨不同变量组对集体行动的达成与维持所带来的不同影响，包括灌溉的可能性、可持续性、有效性、公平性等。

回到以协会为中心的研究对象，本研究的主要结论有三：一是，在当前市场机制为主导的设施供给和资源配置体制下，农民用水户协会作为一项理论化并实践了或正在实践中的制度设计，在中国农村集体灌溉管理中具有可行性、必要性和发展前景；二是，国家自上而下的设施投入和产权转交不力，地方治理的社会资本遭到破坏，在不同时期、规模和资源依赖等外部条件下，协会组建后的灌溉管理绩效差异显著，不少协会流于形式；三是，在某个特定协会的组建和运行过程中，各子系统要素变量在互动中不断重新建构协会的治理生态，以达成并维持新型集体灌溉管理平衡，如领导力作为关键群体如何带动协会内部的信任重构，规则的执行如何保障产权转交的效果等。尽管SESs理论框架提供了一套有效的分析概念工具，但偏于静态的研究策略也受到学者的指责。本研究除了对变量指标进行本土化的尝试之外，还突破了以往的静态分析范式。罗家德（2013）建议，回到具体的、情景化的分析路径，比如什么样的关系和关系运作会带来什么样的信任？在此过程中不同社会关系特征的组织成员如何被不同的方式动员？该分析路径对于回答后两个问题至为关键，有助于理解协会运行中如何重建治理架构、强化社会资本，进而铺设出完善高效的集体设施供给和灌溉管理之路。本章分别围绕三个主要结论展开，即协会有效运转的关键条件、协会水土不服的主要原因，以及协会可持续发展的路径和政策建议。

第一节　基本结论

从国际发展理论背景看，20 世纪 80 年代后，受"二战"后凯恩斯福利增长理论失败的影响，强调市场作用的社会理论开始复苏。新自由主义理论借由世界银行和国际货币基金组织等捐资机构的项目活动，进一步影响了灌溉管理的理论与实践。到了 90 年代，国际水资源管理领域出现了市场化改革的趋势，如"水权交易"的提出，有关水资源"权属私有化"的讨论也出现在世贸组织（WTO）的谈判框架中。在我国，也正伴随着灌溉管理职能部门的市场化改革，以及乡村基层"七站八所"的撤销、农业税的全面取消，并且取消了"三提五统""两工（积累工、义务工）"和村民小组长，乡村政权沦为"空心化"，传统行政主导的灌溉供给体制陷入困境。而由于尚不完善、无序乃至错位失位的供水机构改革和抽水机等新技术的引入，加速了中小型水利供给的获取性竞争和以户为单位的个体化供给等农村灌溉市场化过度倾向，造成了资源浪费和效率低下。"一事一议""谁受益、谁投资""以奖代补"等尚不完善的或"过度"市场化政策导向，无法为修复水利设施提供有效供给。进入 2000 年以来，我国农村灌溉系统普遍面临设施的供给困境：大中型水利设施的供给主体运行不善，村组作为末级渠系供给主体和集体灌溉管理主体的功能发挥失常，成员退出、系统灌溉面积锐减，原有的资源系统治理边界不再得到共同认可。

针对以上现实的两大集体灌溉难题，设施供给和资源使用，农民用水户协会自 90 年代中期借助国际发展援助项目引入中国。用水户协会的理念，顺应了国家对灌区管理、设施供给与资源使用进行市场化改革的方向。在外界金融诱因及强加规则条件下，体现了新自由主义理论话语下的一套制度性规则的输入。世行专家的研究提出一套设施供给方案，即由私人提供基础设施服务、竞争国家补贴和小合约生产制度，鼓励农民用水户参与灌溉管理的自组织发育。作为小农水设施的供给主体和资源使用的管理主体，从整个灌溉系统的制度设计来看，协会这种组织形式满足奥斯特罗姆提出的"多中心制度供给模式"。与产权分权制度相结合，协会充当了"小合约生产制度"的主体，大中型设施则仍由国家承担供给。即，组建协会作为小农水的管护和供给主体，配套实施大中型水利修复工程，重新恢复大中、小型水利设施的对接，以解决工程修建维护中的"搭便车"困境，和资源使用中的过分占用或过度获取困境。

在我国，2005 年以前主要由国际合作项目推动协会组建，高度重视参与式灌溉管理理念和经济自立灌排区建设。全国在试点阶段共成立了 2000 多个协会，本研究的样本中有 15 个协会组建于该阶段，运行至今已至少 15 年之久。2005 年之后，国家层面大力推广协会，至 2011 年底已发展 6.8 万个，样本中有 6 个协会组建于该阶段。[①] 后一阶段成立的协会，政府作为主要的推动力量，行政色彩浓、农民的参与相对较弱，但地方的财政支持较强。作为一种激励手段，政府采取"先繁荣后规范，先建机制后建工程"的政策导向，导致 2005 年之后协会"全面开花"的状况。政策初衷是激励当地改善灌溉治理条件，可是却刺激了一批"钻政策空子"的"挂牌协会"的成立，国家自上而下的行政推动曾受到不少研究者的指责（仝志辉，2005）。CPRs 研究团队在印度、菲律宾、尼泊尔、土耳其等各国的实证研究得出的结论（Meinzen－Dick R.，2007），也指出农民用水户协会在实践中的问题，除了执行程度不力、灌溉机构改革滞后和对农民的经济激励不足等外部原因，还有灌溉系统各子系统要素的内部原因。

本研究旨在将这一研究思路引入中国，即在宏观理论机理的解释之外，探索影响中国农民用水户协会运作好坏的微观实践机制，为发挥协会制度优势和进一步打开我国社会主义农村水利集体灌溉优越性提供更具建设性的现实建议。综述国际和国内相关文献，本研究分别选取了产出、过程、影响三类灌溉管理绩效指标，即用水充足性的提升、灌溉成本的节约和协会的可持续运行。结合多案例比较和 QCA 小样本案例定性比较分析方法，基于国际上广被采用的 SESs 社会生态系统理论框架，选取传统行政主导、协会自主治理和松散的个体化灌溉三类灌溉管理体制模式。通过多案例比较研究，将 SESs 指标变量本土化，并识别出制约我国农村水利集体灌溉体系潜能充分发挥的五大关键解释变量。进一步对 30 个样本协会进行指标编码，利用 QCA 定性比较分析，分别检验不同的变量条件组合所对应的灌溉管理绩效优劣差异。研究发现，在我国农村灌溉水利理论和制度设计上，协会能够弥补当前尚不完善或过度市场化为主导的供给方案的不足，在各地的实践中，不乏协会也能有效解决小型设施的供给、与大中型设施的对接，以及资源管理等农村集体灌溉所面临的问题，带来了用水充足性的提升、节约了农户的灌溉成本，并能维持自身的可持续运转。这一研究结论，与菲律宾的

---

① 有 6 个协会的组建时间在 2005 年之后，但是作为世行二期项目的试点协会计入了第一类。

一项行动研究发现，有效运转的协会能够充当水管机构、政府部门和市场部门的一个重要合作机构这一结论具有一致性，具有一定的普遍意义。

一、协会有效运转的关键条件

案例研究表明，关于特定自然资源的集体行动特征的含义取决于复杂性降低可预测性的程度（Wilson James，2007），资源复杂性独立于群体特征并影响集体行动。我国农田水利的层级供给体制（大中型、小型）增加了灌溉资源的复杂性，政府自上而下的、尚不完善市场机制主导的供给投入方式降低了农民的参与，可能阻碍集体行动的达成。长期以来在我国，小型农村水利工程和大中型灌区过水能力 1 立方米/秒或受益面积 1 万亩以下支斗渠系及田间工程，一直由农村集体经济组织负责建设和管理。但其所有权并没有非常清晰的界定。中国引入用水户协会的改革中，延续了"专管加群管"的做法，即大中型水库和骨干渠道由专管机构管理，并将支渠及支渠以下渠道转交由协会自主管理。这种情况下的"用水户协会"其实是过去传统的计划农村集体经济组织替代形式，很难发挥真正市场经济体制下协会高效水利资源配置和利用的作用。

协会作为一个正式合作组织的建立，特别是治理架构的完善，为农民用水户参与工程决策、水价制定和组织监督提供了一个集体行动的平台和制度性保障。当传统机制不复存在，引入用水户协会，通过制定互惠机制、行动者的能力建设，由协会承担集体选择规则的交流成本，进而对领导权和使用者形成有效激励，投资、游说、自组织建设、管理与监督等集体行动则可能达成，进而为协会的可持续运转提供必要条件。本研究发现，无论是在设施供给者与资源使用者完全重合的、以行政村为边界的协会组织，还是在以水文为边界的跨行政村、乡镇的大规模协会或协会联合会，由体制内精英兼任的领导力时，易于动员用水农户的实质性参与，建立起协会内部的信任、提升成员间互惠，构建起以协会为单位甚至跨行政村的责任共同体。在协会的水平和垂直层级治理架构下，与村两委和其他组织形成良性互动，集体制定与当地条件相一致的规则，得以落实小水利的供给。中共中央、国务院关于提高农业综合生产能力的 2005 年 1 号文件明确提出，"政府补助资金所形成的农田水利设施固定资产归农民用水合作组织所有"。当以上条件组合具备时，政府的产权转交方案方可以发挥有效作用，配合领导力的企业家精神，为协会创造多元化收入渠道，落实水费改革的新规则，从而实现持续改善协会的灌溉管理绩效，维持协会的高效可持续运转。

首先，强调工程设施所有权归农民用水协会，需要明确界定权责边界，配合对用水户的有效激励，保障供给机制与运行机制的作用发挥。

"产权明晰论"一直主导着各国灌溉改革的实践。协会组建后，政府自上而下的产权转交，要保障政府作为大中型水利设施供给者和协会作为小农水设施供给者的角色、分工与衔接。换句话说，资源使用者与设施供给者之间，界定清晰的权、责、利，激励农民用水户参与末级渠系建设与维护，才是产权转交的真实意涵。以实现协会收支平衡的三干渠协会为例（见第三章第三节）。在市场机制为主导的设施供给条件下，协会的可持续运行，一是需要国家自上而下推行综合水价改革；二是要鼓励在协会内部形成盈利创收机制。这两项措施得以落实，需要协会不断改善的治理要素作为前提条件。也见湖北黄林协会（见第四章第四节）。

其次，产权转交和水价改革的落实，离不开协会不断完善的治理要素，领导力的一致性和可执行的规则，恢复农户之间的信任与互惠，与村两委和其他村级组织的良好互动等都是必要的治理条件。

"设施供给"与"产权转交"与治理条件的改善协同推进，是制约协会可持续发展的关键因素。水价改革的政策措施得以落实，亦离不开协会不断完善的治理条件和水平。在缺少信息、缺乏信任和农户参与的情况下，自上而下的分权努力会降低有效性（Andersson and Ostrom，2008）。相反，只要社区有可执行的撤资权、管理权和排他权，在没有让渡权的情况下也可以进行有效的管理（Agrawal and Ostrom，2001）。从中国的实践来看，产权转交和水价改革的引入，并非一蹴而就，离不开协会的治理结构和用水农户的参与，关键是规则的可执行性、规则与当地条件的一致性。

本研究指出，在协设施建设普遍乏力的情况下，协会组建后的治理改善，短期内可以降低单位产出用水量进而节省农户的灌溉成本。从中长期来看，若要带来用水充足性的持续提升，要求协会保持领导力的一致性，激励并赋权农户参与制定和执行有关设施"建、用、管"的系列规则。协会在发展过程中，为了克服跨行政边界的用水调配、冲突调解与设施联合供给等困境，由内生性需求诱致组织变迁，组建以水文边界为单位的联合治理体（用水户联合会）成为趋势。联合会可以形成对农民参与的有效激励，更多地发挥治理层级结构的作用，并且规则的执行更有赖于市场机制、合作机制和传统机制的共同作用。参见长塘用水联合会（见第四章第四节第二点）。

二、协会水土不服的主要原因

2005 年以来，随着政府的大力推动，农民用水户协会已成为一个灌溉管理改革的共识。但在执行过程中，改革涉及到灌溉管理系统各子系统，如工程、权属等的市场化改革、参与式灌溉管理等，对不同利益主体而言协会有着不同的意涵。地方政府主要是为解决后集体管水时期的组织主体"缺位"问题，以期通过发展农民用水户协会，建立一套"水行政主管部门—灌区管理单位—农民用水户协会—农户"自上而下、职责明确的灌溉垂直管理体系；水管单位的初衷，则是希望通过协会提高水费收取率，管理灌区末级渠系工程，减少用水纠纷。但另一方面，灌溉管理机构的市场化改革为其带来了新的挑战，即如何在接受政府管理、保障农业灌溉用水的同时实现独立核算、自负盈亏；对乡镇政府和村两委来说，变革简化了水费收缴程序，实质上是收回了地方政府在水费收缴中的"获益"空间，故变革之初并没有得到县乡政府的积极配合。该特征在协会引入中国的第一阶段尤为明显。

在第一阶段的协会建设中，以项目推动为主，将"重建轻管"识别为当前灌溉管理的重大"缺口"。资助方积极组织协会开展能力建设，提升地方政府和农民用水户的意识，召集利益相关者制定规则，并提供监测。但是，这种"治理在先"的干预方式，遭遇设施不配套、资源复杂性的加剧及其所带来的集体行动的困境。作为后期的主要推动者，政府开始重视与协会建设配套推进节水灌溉和设施建设，不过，若缺乏对协会组织发育和能力建设的重视，则又会回到了以技术官僚和专家官僚为主体、自上而下的传统干预为特征的路径上，流于形式的"挂牌"协会也就不难理解了。现实来看，随着当前国家对小农水建设投入力度的加大，协会的发展会直接影响到地方对政策投入的获取，用水户协会可能演变为竞争获取上级政府投入的"筹码"，"挂牌"成立的协会不断涌现。

1. 缺乏自上而下的小农水设施投入，产权转交执行不力，权责边界模糊，灌溉设施不能得到持续改善的情况堪忧。

无论是政府、市场还是基于社区的产权制度，都必须避免"万能药"式的产权方案（Dressler et al.，2010）。2005 年以后，多数协会是自上而下的政府主导推动。王亚华（2013）将之称为"层级推动—策略响应"政策执行模式，国家政权依靠压力型行政体系来推行。协会组建后多数流于形式，在产权转交、工程建设和组织用水户参与等方面未能有效发挥应有功能。据水利部 2012 年对 320 个典型协会调查统计，平均工程完好率仅为 61%。在本研究 30 个样本案例中，仅有 11 个协会的设施得到持续改善，仅有 13 个协会进行了规范的产权转交。水利部在 2012 年的专题调查中明确将协会缺乏有效设施供给的深层次原因归为产权不清，尤其是协会没有工程产权和末级渠系水价制定权。根据典型协会统计，运行不好的协会中有 67％没有工程产权。

本研究也发现，在当前的协会建设中，设施的产权转交并不规范。小型工程设施的所有权转交过程中，执行不力、权责边界模糊，缺乏对用水户的有效激励。大中型水库和支渠以上的沟渠，协会既无所有权，也无让渡权。以市场机制为主导的大中型设施建设，一般工程招投标由县级以上政府主管，缺乏基层政府和用水农户的参与，可能造成新一轮的重建轻管。调研发现，以协会自治为主导的小型设施"一事一议"，有的是需要政府先验收才拨钱。实际都是农民垫付，中间环节还出现政府截留，被当地人认为是国家的"钓鱼"政策。不少协会"头疼医头、脚疼医脚"。末端渠系衬砌较差（土渠）年久失修，农户负担重、收益小，参与积极性不高。尤其是末端渠系农民负担重，水费缴纳与实际获取的灌溉水不成比例。如此一来，水费收缴率低，村集体背债，形成恶性循环。有受访农户表示协会"形同虚设"。

进一步地，协会缺乏实现自主运行的资产条件，不能利用工程设施从事经营服务活动，增加经费来源。根据水利部 2012 年的调查，协会运行和维护经费的满足程度分别为 50％和 26％，有财政补贴的协会仅占 7.8％。本研究的 30 个样本协会中，实现协会收支平衡的仅有 7 个。按照目前的政策界定，协会是非营利机构，管理经费主要来源于水费返还或末级渠系水费。国家推行综合农业水价改革，以期补偿供水成本，促进节约用水，促使灌溉工程良性运行。实践中，将支渠及以下的末级渠系的建管成本和协会运行成本移交给协会，农户的资源使用成本（水费）提高，水费收缴困难，综合农业水价改革进展缓慢。本研究中，新疆的两个协会配套引入了滴灌设施，但短期内用水成本反而有所反弹，协会成立后的水费收缴率逐年下降。另外，与资源依赖型的协会相比，资源自给型或资源补充型的协会对水价改革更加缺乏激励。最后，劳动力流动、农民收入非农化、土地流转和气候变化等外部背景变量，也在制约着水价改革的推进。

2. 自上而下推行的制度供给和使用规则，与当地的占有条件不相一致。领导力激励不足，农户无实质性参与，协会遭遇执行困境、运行不佳的情况较为普遍。

对于项目推动的协会类型，其组建和运行依赖于一类积极推动者。他们掌握协会组建的某些资源，在协会与外部环境（项目的外部支持）之间诸种交换的规则、资源的分配等方面发挥着作用。作为一种稀缺资源，项目化的协会组建方式强化了既有的水管（水务）官僚体系，而在缺乏充分放权和产权转交不利的情况下，农民用水户缺乏实质性的参与。根据 2012 年水利部对全国 320 个典型协会的统计，67％的协会不能调动农户参与灌溉管理和小型水利设施管护的积极性。在本研究的 30 个样本协会中，即便短期内可以实现灌溉绩效提升，协会及农民在决策中的参与程度打分普遍偏低，尤其是在工程决策和水价决策两项关键环节，几乎没有用水农户参与。既有的经验研究指出，缺乏有效激励、领导队伍不稳定成为协会发展的制约。2012 年水利部的调查也指出，"从长远看，由于利益驱动和目标取向不同，容易造成水费被截留挪用和缺少监督，限制协会自主能力的发展，导致回到传统的老路上去，丧失群众信任，不利于协会的发展"。

从协会内部治理来看，主要问题是信任机制的普遍缺乏，监督与制裁规则的执行力度差，缺乏对协会领导力的有效激励。尤其是进入 2000 年以来，随着外部政策与社会经济背景变化，传统的行政主导的集体灌溉方式濒临瓦解。在一些地方，农户破坏公共设施、户间用水纠纷时有发生，作为集体灌溉单位的行政村、村民小组两级行动主体间的信任与互惠机制遭破坏。根据贺雪峰（2006）对村干部动机的分类，主要有社会性收益和经济收益，前者是指因为看重声望和面子收益而担任村干部职位。本研究发现，在当前多数协会无法实现收支平衡、协会领导兼任的情况下，村干部不会获得双份工资，当选的干部以社会性收益为主要的动机，如赢取社会声望、社会地位等。但只有当这类村庄的社会资本基础较强时，才会对村干部形成有效激励，而在原子化严重的村庄或者跨行政边界的协会组织中，则可能陷入兼任村干部的动力不足等困境。在本研究的 30 个样本协会中，从事协会管理的村干部没有另外的报酬或拿很少的补贴，与外出务工的收入相差很大，对年轻人缺乏激励。年龄结构不合理、队伍不稳定的问题突出，从而给协会进一步发展带来挑战，尤其是领导力的一致性。协会主席换届中，如何保持领导力的一致性是需要进一步研究的问题。需要补充的是，领导力的动机研究，必须结合定性研究方法，而非定量研究所能挖掘到的信息，案例为中心的定性比较分析体现了这一优势。

第二节　协会可持续发展的路径

既有研究中的悲观看法认为，在外部力量干预下建立起来的农民用水户协会面临交易成本高、预期收益不确定，可能弱化或侵蚀当地既有的集体行动形式。即农户的参与受到压制，对协会的可持续发展产生不利影响。有别于以往的悲观论调，基于 SESs 框架的研究，本研究揭示了协会在治理实践中的可行性与可持续性，并深入剖析了它的微观运作机理。当前已有的成功协会的治理路径，可以为全国其他协会的发展提供借鉴。

首先，由边界组织提供一个强制性的协商平台，以应对过度市场化或市场化尚未完善等不利的外部条件。

由于我国农村社会主义市场经济改革发展尚不完善成熟，目前农民用水户协会的组建主要受制于市场化尚未完善或过度市场化的外部条件。第一种情况，在尚未充分市场化的条件下，缺乏足够的经济激励，地方无法自发达成协商共识。由国家和项目方组成的边界组织，可以提供一个强制性的解决方案，扶持协会的组建、转交工程产权，并且向协会提供所需的资源，如人力资源（提供培训）、财力资源（办公设备）、工程资源（农田水利建设补助）。目前，政府在协会组建中的角色已引起水利部的重视，强调"移交的工程应能正常运行，移交公益性工程（如灌溉渠系）时应尽量移交具有经营能力的工程（如水源工程）"。

第二种情况是设施产权的过度私有化，灌溉资源的多用途带来集体行动的困境。鼓励中小型水利设施承包管理后，承包者追求利润最大化，造成水产养殖业与灌溉的用途矛盾，制约了集体灌溉管理的达成。而当资源边界弹性高时，非排他性产权并不是最好的选择。由协会作为一个共有产权的治理主体，则有可能化解过度市场化带来的产权过度私有的风险。

其次，（体制内）领导力投入到资源动员中，并且提供信息、协助制裁和监督，用水农民加入组成自主治理团体。

从制度设计来看，引入用水户协会时，项目方特别强调协会必须是农民自己的组织，领导必须是用水户选举产生。协会领导力由村两委兼任的情况一度被视作消极指标，认为是协会"换牌子""不换人马"，并非真正的自主治理。但从实践的情况来看，我国协会领导力的类型由村干部兼任的情况占多数。2012年水利部对320个典型协会的调查显示，协会负责人是乡村干部的有178个，是普通农民的有70个，是水管职工的有72个。本研究的30个样本案例中，仅有6个协会主席是由普通农民担任。由普通农民担任的情况，协会却没有实现可持续运转。后期在用水户协会的组建中，协会主席的评选标准一般为：一是可选现任或已卸任年龄适合的村干部担任；二是可选致富带头人担任；三是可选在当地有威望、有一定组织活动能力的人担任。

协会主席普遍由体制内精英兼任的情况说明，将缺乏农民的实质性参与单纯归因于领导力的兼任或指任是有失偏颇的，体制内领导兼任协会领导的合理性，应结合中国现行的乡村治理结构和行动者的具体情境来分析利弊。在非协会地区的凯佐乡案例中，6个成功达成了集体行动的村民小组，也均体现了体制内精英的领导力作用。本研究指出，体制内精英在以行政单位为边界的协会，发挥更明显的优势；而对于以水文单位为边界的依赖型灌溉系统，灌溉系统的复杂性和群体异质性都将增加领导力一致性的不确定性。在一个特定灌溉系统中，依赖型灌溉的占有者人数占比，会影响到协会集体行动达成的可能性。

从领导力的工作动机来看，由村领导或灌区水管机构工作人员兼任的协会领导以社会性收益为主要激励。但长远来看，建议国家适当考虑大中小型工程的放权，鼓励协会开创经营性收益，以经济性收益为保障领导力的一致性的主要激励手段。从协会与与其他组织的互动来看，中国的经验说明，更要重视协会领导力可能发挥的重要作用。作为一项重要的互动指标，在国际研究文献中，在事关工程设施供给的集体游说（collective lobby）环节，强调的是农民参与的重要性。但在中国乡村治理的情境中，领导力在对内、对外的互动中，可能扮演更重要的角色。由此，与普通农民用水户直接参与集体游说不同，发挥他们在对协会领导人和协会运行监督中的作用更为关键。

再次，以自然村为集体行动的基本单位，在工程维修、集体放水、水价收缴等环节，建立团体的共同规范，恢复传统的信任与互惠。

解决集体行动困境的出路，根本还在于是否为集体选择的安排，即农民在用水户协会中的实质性参与。经由项目引入的用水户协会，在组建过程中，特别重视农民用水户的能力建设培训与赋权。在政策文件中普遍强调，实行用水户参与灌溉管理，就是将工程的所有权、使用权、管理权和用水决策权交给农民。根据国际研究的结论，协会有较长的灌溉历史、农民拥有明确的产权并能参与到制度安排、集体决策、运行规则的决策中，更易形成有效管理，如尼泊尔、巴基斯坦、苏丹等国实践。当前中国用水户协会中，农民参与决策的程度普遍较低。本研究的 30 个样本协会中，仅有一半的协会实现了用水户参与规则制定。它是制约协会可持续发展的关键因素之一。

从现代性的角度，看中国农民行动逻辑的变迁，由无私权意识，到私权意识浓烈、个体经济理性发育，不少学者担忧农民对公共事务的参与意愿淡薄，参与能力不足（曹锦清，2000；贺雪峰，2006）。基于资源动员理论，社会共享规范、信任与互惠等因素对农户参与的内在选择性激励发挥重要作用。本研究发现，运行良好的协会普遍采取以村民小组（自然村）为集体行动单位的灌溉管理方式。作为农村最基础的生产、生活和灌溉单位的自然村（村民组或生产小队），社会资本存量较大，仍可能作为当今农民集体行动的重要平台（王晓莉，2011）。在村民小组和行政村层面，惩罚、制裁的规则具有利他性，执行监督和制裁的成本较低，如"面子制裁"，都是行之有效的制裁办法。对规则的有效执行，又进一步强化了农户的集体意识和责任意识，强化了社会共享规范的作用。

研究发现，即使在传统社会资本薄弱的乡村，其引入用水户协会，一般是与行政边界重合的协会，由协会（领导人）承担集体选择规则的交流成本，用水户之间可以达成合作的共识，并能够在灌溉管理的互动中重构内部的信任与互惠机制。对于跨行政村、跨乡镇的协会或联合会，除了有赖于协会不断完善的治理架构，更应重视多方参与的共管机制，以及协会与政府或灌水机构的互动。在互动中，协会构建成为一种责任共同体，为设施维护提供了一个清晰的生产单位边界，经济激励（如有差别的水价）、非经济激励（包括暴力强制机制）等都可以发挥作用，使用水户真正参与设施的供给和灌溉资源的使用。

第三节　主要建议

在当前市场化作为国家经济体制改革方向的大背景下，以市场经济机制为主导的设施供给和资源配置方式下，农民用水户协会作为一项理论化并实践了或正在实践中的制度设计，有效地完善了我国社会主义农村灌溉市场化改革的结构要素和功能效力，在中国农村集体灌溉管理中具有可行性、必要性和发展前景。笔者认为，农民用水户协会是现阶段我国发展农村社会主义市场经济下农业生产活动中水利灌溉领域的新产物，为实现协会的有效运转，就必要的外部条件和内部保障，提出以下三点政策建议：

1. 工程建设与产权转交。政府应予以资金支持，重点解决小型设施与大中型设施的对接问题。对于大中型设施的招标建设，也应设立激励机制，鼓励受益农户代表参与工程建设的监督。对于小型设施，建议国家以共有产权的形式向协会进行产权转交，一方面，可以避免在当前自上而下分权尚不充分的情况下，农户失去自行制定规则的权利；另一方面，避免在缺乏对承包者的信任的情况下，由产权私有化所带来的灌溉用水的功能冲突。

2. 协会运行与水价制定。一是加大转权的执行力度，为协会开创经营性收益创造条件，以经济性收益为保障领导力的一致性的主要激励手段。二是在水价制定中，切实保障农民用水户的实质性参与。国家可以在系统分析当地农民的承受能力、水资源条件和经济社会发展水平等因素下，提出水价改革目标实现的时间表。三是设立协会管理基金，以国家先期投入为前提。建议从综合收费中按一定标准提取大中型水利设施维修费，以及从享受国家水利工程配套补贴的公司、大户、合作社经营的土地纯收益中按一定标准提取管理费。

3. 组织建设与信任重构。政府要重视协会领导力的人选和协会的换届选举，民主选举作为重要手段，同时不否认由共识推选、指认的方式，保障协会领导力的一致性。同时，注重对农民用水户的能力建设，增强普通农户参与协会监督和工程监督的积极性。以村民小组或行政村为基本单位，以协会为管理平台，集体制定规则、执行并监督制裁，重建协会内部的信任与互惠，恢复集体灌溉的责任共同体单位。

参考文献

［1］ Abernethy，C. L.，& Sally，H. Experiences of some government－sponsored organisations of irrigators in Niger and Burkina Faso，West Africa ［J］. Journal of Applied Irrigation Science，2000，35 (2)：177－205.

［2］ Adhikari Bhim，Jon C. Lovett. Institutions and Collective Action：Does Heterogeneity Matter in Community－Based Resource Management ［J］. Journal of Development Studies，2006，42 (3)：426－45.

［3］ Agrawal，A. Common property institutions and sustainable governance of resources ［J］. World development，2001，29 (10)：1649－1672.

［4］ Agrawal，A. and J. Ribot. Accountability in Decentralization：A framework with South Asian and West African cases ［J］. Journal of Developing Areas，1999 (33)：473－502.

［5］ Agrawal Arun and Elinor Ostrom. Collective Ation，Property Rights and Decentralization in Resource Use in India and Nepal ［J］. Politics and Society，2001，29 (4)：485－514.

［6］ Agrawal Arun and Sanjeev Goyal. Group Size and Collective Action：Third Party Monitoring in Common－Pool Resources ［J］. Comparative Political Studies，2001，34 (1)：63－93.

［7］ Anderies，J.，M. A. Janssen and E. Ostrom. A framework to analyze the robustness of social－ecological systems from an institutional perspective ［J］. Ecology and Society，2004，9 (1)：18.

［8］ Andersson，Krister，and Elinor Ostrom. Analyzing Decentralized Resource Regimes from a Polycentric Perspective ［J］. Policy Sciences ，2008，41：71－93.

［9］ Araral，E. Bureaucratic incentives，path dependence，and foreign aid：An empirical institutional analysis of irrigation in the Philippines ［J］. Policy Sciences，2005，38 (2－3)：131－157.

[10] Arun Agrawal. Studying the commons, governing common－pool resource outcomes: Some concluding thoughts [J]. Environmental Science and Policy, 2014, 36: 86－91.

[11] Axelrod, R. An evolutionary approach to norm [J]. American political science review, 1986, 80 (04): 1095－1111.

[12] Baland, J－M. and J－P. Platteau. Halting Degradation of Natural Resources: Is there a Role for Rural Communities? [M]. Oxford: Clarendon Press for the Food and Agriculture Organization, 1996.

[13] Bardhan, Pranab K. Irrigation and Cooperation: An Emperical Analysis of 48 Irrigation Communities in South India [J]. Economic Development and Cultural Change, 2000, 48 (4): 847－65.

[14] Bastakoti R, Shivakoti G P. Rules and collective action: An institutional analysis of the performance of irrigation systems in Nepal [J]. Journal of Institutional Economics, 2012, 8 (2): 225.

[15] Basurto, X., Gelcich, S., Ostrom, E. The social － ecological systems framework as a knowledge classificatory system for benthic small － scale fisheries [J]. Global Environmental Change, 2013, 23: 1366－1380.

[16] Blanco, E. A social－ecological approach to voluntary environmental initiatives: the case of nature－based tourism [J]. Policy Sciences, 2011, 44: 35－52.

[17] Bos M G, Burton M A S, Molden D J. Irrigation and drainage performance assessment: practical guidelines [M]. CABI, 2005.

[18] Campbell et al. Challenges to Proponents of Common Property Resource Systems: Despairing Voices from the Social Forests of Zimbabwe [J]. World Development, 2001, 29 (4): 589－600.

[19] Coleman J S. Social capital in the creation of human capital [J]. American journal of sociology, 1988: 95－120.

[20] Crawford S E S, Ostrom E. A grammar of institutions [J]. American Political Science Review, 1995, 89 (03): 582－600.

[21] Dietz T, Ostrom E, Stern P C. The struggle to govern the commons [J]. Science, 2003, 302 (5652): 1907－1912.

[22] Dressler, W., Büscher, B., Schoon, M., Brockington, D., Hayes, T.,

Kull，C. A.，McCarthy，J. & Shrestha，K. From hope to crisis and back again? A critical history of the global CBNRM narrative [J]. Environmental Conservation，2010，37 (1)：5—15.

[23] Fireman，B.，Gamson，W. A. Utilitarian logic in the resource mobilization perspective. The dynamics of social movements，1979：8—44. Edited by Mayer N. Zald，and Jonn D. McCarthy. Canbridge，Mass：Winthrg.

[24] Fleischman F，Boenning K，Garcia—Lopez G A，et al. Disturbance，response，and persistence in self—organized forested communities：analysis of robustness and resilience in five communities in southern Indiana [J]. Ecology and Society，2010，15 (4)：9.

[25] Fraser，Nancy. Justice interruptus：critical reflections on the 'postsocialist' condition. New York and London：Routledge，1997.

[26] Garces—Restrepo，Carlos，Douglas Vermillion，and Giovanni Muñoz. Irrigation management transfer. Worldwide efforts and results. FAO Water Reports (FAO)，2007.

[27] Gibson，Clark C. and Tomas Koontz. When 'Community' Is Not Enough：Institutions and Values in Community — Based Forest Management in Southern Indiana [J]. Human Ecology，1998，26 (4)：621—47.

[28] Goldman M. Inventing the commons：theories and practices of the commons' professional [J]. Privatizing Nature. Political Struggles for the Global Commons，1998：20—53.

[29] Gorantiwar S D，Smout I K. Performance assessment of irrigation water management of heterogeneous irrigation schemes：1. A framework for evaluation [J]. Irrigation and Drainage Systems，2005，19 (1)：1—36.

[30] Hardin R. Akrasia，Paternalism，and Collative Action [J]. Western Division Meetings，1985，19：69—70.

[31] Hamid S H，Mohamed A A，Mohamed Y A. Towards a performance - oriented management for large - scale irrigation systems：case study，Rahad scheme，Sudan [J]. Irrigation and Drainage，2011，60 (1)：20—34.

[32] Hess，Charlotte and Ostrom，Elinor，A Framework for Analyzing the Knowledge Commons ：a chapter from Understanding Knowledge as a Commons：from Theory to Practice. (2005). Library and Librarians' Pub-

lication. Paper 21. http：//surface. syr. edu/sul/21

[33] Huang Q，Wang J，Easter K W，et al. Empirical assessment of water management institutions in northern China [J]. Agricultural Water Management，2010，98（2）：361—369.

[34] Huppert W. ，M. Svendsen and D. L. Vermillion. Governing Maintenance Provision in Irrigation — A Guide to Institutionally Viable Maintenance Strategies [M]，in cooperation with IWMI，Colombo and IFPRI，Washington，D. C. ，2001.

[35] John M. Anderies，Marco A. Janssen，Allen Lee，Hannah Wasserman. Environmental variability and collective action：Experimental insights from an irrigation game [J]. Ecological Economics，2013，93：166—176.

[36] Kazbekov J，Abdullaev I，Manthrithilake H，et al. Evaluating planning and delivery performance of Water User Associations（WUAs）in Osh Province，Kyrgyzstan [J]. Agricultural Water Management，2009，96（8）：1259—1267.

[37] Kukul Y S，Akçay S，Anaç S，et al. Temporal irrigation performance assessment in Turkey：Menemen case study [J]. Agricultural Water Management，2008，95（9）：1090—1098.

[38] Künneke，R. ，Finger，M. The governance of infrastructures as common pool resources. In Fourth workshop on the workshop（WOW4），Bloomington（USA），2009，June.（pp. 2—7）.

[39] Lam W F，Ostrom E. Analyzing the dynamic complexity of development interventions：lessons from an irrigation experiment in Nepal [J]. Policy Sciences，2010，43（1）：1—25.

[40] Latif M，Tariq J A. Performance assessment of irrigation management transfer from government - managed to farmer - managed irrigation system：a case study [J]. Irrigation and Drainage，2009，58（3）：275—286.

[41] Lee，E. ，Jung，C. S. ，Lee，M. K.. The potential role of boundary organizations in the climate regime [J]. Environmental Science and Policy，2014，36：24—36.

[42] Lei Zhang，Nico Heerink，Liesbeth Dries，Xiaoping Shi. Water users associations and irrigation water productivity in northen China [J]. Ecological

Economics，2013（95）：128—136.

[43] Mansbridge J. The role of the state in governing the commons [J]. Environmental science & policy，2014，36：8—10.

[44] Mcginnis，Michael D. ，Ostrom，Elinor. Social—ecological system framework：initial changes and continuing challenges [J]. Ecology and Society，2014，19（2）.

[45] Meinzen—Dick R. Beyond panaceas in water institutions [J]. Proceedings of the national Academy of sciences，2007，104（39）：15200—15205

[46] Meinzen—Dick，R. ，Raju，K. V. ，& Gulati，A.. What affects organization and collective action for managing resources? Evidence from canal irrigation systems in India [J]. World Development，2002，30（4）：649 —666.

[47] Meinzen—Dick R. Timeliness of irrigation [J]. Irrigation and Drainage Systems，1995，9（4）：371—387.

[48] Molden D，Burton M，Bos M G. Performance assessment，irrigation service delivery and poverty reduction：benefits of improved system management [J]. Irrigation and Drainage，2007，56（2—3）：307—320.

[49] Molden D J，Gates T K. Performance measures for evaluation of irrigation —water—delivery systems [J]. Journal of irrigation and drainage engineering，1990，116（6）：804—823.

[50] Mollinga，P. P. Water，Politics and Development：Framing a Political Sociology of Water Resources Management. Water Alternatives，2008，1（1）：7—23.

[51] Ostrom E. Crafting institutions for self — governing irrigation systems [M]. San Francisco，CA：Institute for Contemporary Studies Press，1992.

[52] Ostrom E. Incentives，Rules of the Game，and Development. In Proceedings of the Annual World Bank Conference on Development Economics. Washington，DC：The World Bank. 1996，207—34.

[53] Ostrom E. A behavioral approach to the rational choice theory of collective action：Presidential address，American Political Science Association，1997 [J]. American Political Science Review，1998：1—22.

[54] Ostrom，E. Understanding institutional diversity [M]. Princeton，NJ：

Princeton University Press, 2005: 11—36.

[55] Ostrom, E. A General Framework for Analyzing Sustainability of Social—Ecological Systems. Science, 2009, 325 (5939): 419—22.

[56] Ostrom E. Background on the institutional analysis and development framework [J]. Policy Studies Journal, 2011, 39 (1): 7—27.

[57] Ostrom E. Reflections on" Some Unsettled Problems of Irrigation" [J]. The American Economic Review, 2011: 49—63.

[58] Ostrom E, Gardner R. Coping with asymmetries in the commons: self—governing irrigation systems can work [J]. The Journal of Economic Perspectives, 1993: 93—112.

[59] Ostrom E, Cox M. Moving beyond panaceas: a multi—tiered diagnostic approach for social—ecological analysis [J]. Environmental Conservation, 2010, 37 (04): 451—463.

[60] Oliver P, Marwell G, Teixeira R. A theory of the critical mass. I. Interdependence, group heterogeneity, and the production of collective action [J]. American journal of Sociology, 1985, 91 (3): 522—556.

[61] Oliver P E, Marwell G. The Paradox of Group Size in Collective Action: A Theory of the Critical Mass. II [J]. American Sociological Review, 1988, 53 (1): 1—8.

[62] Pasaribu S M, Routray J K. Performance of Farmer—managed Irrigation Systems for Rice Production in East Java Province, Indonesia [J]. International Journal of Water Resources Development, 2005, 21 (3): 473—491.

[63] Ragin C. The comparative method. Moving beyond qualitative and quantitative methods [M]. Berkeley: University of California, 1987.

[64] Benoît Rihoux, Charles C. Ragin. Configurational comparative methods: qualitative comparative analysis (QCA) and related techniques [M]. Thousand Oaks: Sage, 2009.

[65] Samad M, Vermillion D. An assessment of the impact of participatory irrigation management in Sri Lanka [J]. International Journal of Water Resources Development, 1999, 15 (1—2): 219—240.

[66] Schlager E, Blomquist W, Tang S Y. Mobile flows, storage, and self—organized institutions for governing common—pool resources [J]. Land Eco-

nomics, 1994, 70 (3): 294—317.

[67] Shyamsundar P. Yield Impact of Irrigation Management Transfer: A Success Story from the Philippines [M]. World Bank Publications, 2007.

[68] Small LE, Carruther I. Farmer—finaced irrigation [M]. Cambridge University Press, Cambridge, UK, 1991.

[69] Small L E, Svendsen M. A framework for assessing irrigation performance [J]. Irrigation and drainage systems, 1990, 4 (4): 283—312.

[70] Tanaka Y, Sato Y. Farmers managed irrigation districts in Japan: Assessing how fairness may contribute to sustainability [J]. Agricultural Water Management, 2005, 77 (1): 196—209.

[71] Turner, Matthew D. Conflict, Environmental Change, and Social Institutions in Dryland Africa: Limitations of the Community Resource Management Approach [J]. Society and Natural Resources, 1999, 12 (7): 643—57.

[72] Tvedten, Inge. If you don't fish, you are not a caprivian': freshwater fisheries in Caprivi, Namibia [J]. Journal of Southern African Studies, 2002, 28 (2): 421—39.

[73] Uphoff N T. Improving international irrigation management with farmer participation: Getting the process right [M]. Boulder, CO: Westview Press, 1986.

[74] Uphoff, N. T. and Wijayaratna, C. M. Demonstrated Benefits from Social Capital: The Productivity of Farmer Organizations in Gal Oya, Sri Lanka [J]. World Development, 2000 (28): 11.

[75] Van Halsema G E, Keddi Lencha B, Assefa M, et al. Performance assessment of smallholder irrigation in the Central Rift Valley of Ethiopia [J]. Irrigation and Drainage, 2011, 60 (5): 622—634.

[76] Vermillion D L. Impacts of irrigation management transfer: A review of the evidence [M]. Colombo, Sri Lanka: International Irrigation Management Institute, 1997.

[77] Vermillion, D. L. (ed.). The privatization and self—management of irrigation. Final Report. Colombo, Sri Lanka: International Irrigation Management Institute, 1996.

[78] Vermillion D L. Property rights and collective action in the devolution of ir-
rigation system management [C] //Workshop on Collective Action, Prop-
erty Rights, and Devolution of Natural Resources, June. 1999: 21－24.

[79] Wade, R. Village Republics: Economic Conditions for Collective Action in
South India [M]. San Francisco, CA: Institute for Contemporary Studies,
1988: 74.

[80] Wilson J. Scale and costs of fishery conservation [J]. International Journal
of the Commons, 2007, 1 (1): 29－42.

[81] 奥斯特罗姆, 余逊达, 陈旭东译. 公共事务的治理之道: 集体行动制度的演
进 [M]. 上海: 上海译文出版社, 2012.

[82] 保罗·康纳顿, 纳日碧力戈译. 社会如何记忆 [M]. 上海: 上海人民出版
社, 2000.

[83] 曹锦清. 黄河边的中国 [M]. 上海: 上海文艺出版社, 2000.

[84] 成诚, 王金霞. 灌溉管理改革的进展, 特征及决定因素: 黄河流域灌区的实
证研究 [J]. 自然资源学报, 2010, 25 (7): 1079－1086.

[85] 高雷, 张陆彪. 自发性农民用水户协会的现状及绩效分析 [J]. 农业经济问
题, 2008 (增刊): 127－131.

[86] 贺雪峰. 熟人社会的行动逻辑. 华中师范大学学报 (人文社会科学版),
2004 (01), 5－7.

[87] 贺雪峰. 行动单位与农民行动逻辑的特征 [J]. 中州学刊, 2006
(9): 133.

[88] 贺雪峰, 阿古智子. 村干部的动力机制与角色类型——兼谈乡村治理研究中
的若干相关话题 [J]. 学习与探索, 2006 (3): 71－76.

[89] 贺雪峰, 罗兴佐. 论农村公共物品供给中的均衡 [J]. 经济学家, 2006
(01): 62－69.

[90] 贺雪峰, 罗兴佐. 中国农田水利调查——以湖北省沙洋县为例 [M]. 济南:
山东人民出版社, 2012.

[91] 李珏. 内蒙古河套灌区参与式灌溉管理运行机制与绩效研究 [D]. 硕士学
位论文, 呼和浩特: 内蒙古农业大学, 2008.

[92] 刘静, 钱克明, 张陆彪等. 中国中部用水者协会对农户生产的影响 [J]. 经
济学, 2008 (1): 465－480.

[93] 罗家德. 乡村社区自组织治理的信任机制初探 [J]. 管理世界, 2012 (10):

83－93.

[94] 罗兴佐. 治水：国家介入与农民合作——荆门五村农田水利研究 ［M］. 武汉：湖北人民出版社，2006：41－47.

[95] 马培衢，刘伟章. 集体行动逻辑与灌区农户灌溉行为分析 ［J］. 财经研究，2006，（12）：4－15.

[96] 曼瑟尔·奥尔森，陈郁等译. 集体行动的逻辑 ［M］. 上海：上海人民出版社，1995.

[97] 孟德锋，张兵，刘文俊. 参与式灌溉管理对农业生产和收入的影响——基于淮河流域的实证研究 ［J］. 经济学，2011，10（3）：1061－1085.

[98] 穆贤清，黄祖辉，陈崇德等. 我国农户参与灌溉管理的产权制度保障 ［J］. 经济理论与经济管理，2004，（12）：61－66.

[99] 倪文进等. 各地加强农田水利改革发展政策综述 ［J］. 中国水利，2014，11：24－26.

[100] 诺思，陈昕等译. 经济史中的结构与变迁 ［M］. 上海：上海人民出版社，1994.

[101] 帕特南. 王列、赖海格译. 使民主运起来 ［M］. 南昌：江西人民出版社，2001.

[102] 乔纳森·特纳，邱泽奇译. 社会学理论的结构 ［M］. 北京：华夏出版社，2001.

[103] 青木昌彦，周黎安译. 比较制度分析 ［M］. 上海远东出版社，2001.

[104] 仝志辉. 农民用水户协会与农村发展 ［J］. 经济社会体制比较，2005（4）：74－80.

[105] 王金霞，黄季，Rozelle S. 激励机制，农民参与和节水效应：黄河流域灌区水管理制度改革的实证研究 ［J］. 中国软科学，2004，11：8－14.

[106] 王亚华. 中国用水户协会改革：政策执行视角的审视 ［J］. 管理世界，2013，（6）：61－71.

[107] 王亚华. 水权解释 ［M］. 上海：上海人民出版社，2005.

[108] 王晓莉. 我国农业水资源管理中新型集体行动的路径及可能性 ［D］. 博士学位论文，北京：中国农业大学，2011.

[109] 王晓莉，刘永功. 我国的灌溉管理体制变革及其评价 ［J］. 中国农村水利水电. 2010（5）：50－53.

[110] 魏特夫，徐式谷等译. 东方专制主义——对于集权力量的比较研究 ［M］.

北京：中国社会科学出版社，1989.

[111] 苑鹏. 中国农村市场化进程中的农民合作组织研究 [J]. 中国社会科学，2001 (6)：63－73.

[112] 于建嵘. 集体行动的原动力机制研究——基于 H 县农民维权抗争的考察 [J]. 学海，2006 (2)：26－32.

[113] 张俊峰. 水权与地方社会—以明清以来山西省文水县甘泉渠水案为例 [J]. 山西大学学报（哲学社会科学版），2001，(24)：5－9.

[114] 赵鼎新. 集体行动、搭便车理论与形式社会学方法 [J]. 社会学研究，2005 (01)，1－21.

[115] 赵鼎新. 社会与政治运动讲义 [M]. 北京：社会科学文献出版社，2012.

[116] 赵世瑜. 分水之争：公共资源与乡土社会的权力和象征——以明清山西汾水流域的若干案例为中心 [J]. 中国社会科学，2005 (02)：189－204.

附录

表格 1：中国本土化灌溉系统 SESs 框架变量指标列表

社会、经济、政治背景（S）

S1—经济发展；S2—人口趋势；S3—政策稳定性；S4—其他治理系统；S5—市场化；S6—专家团队；S7—技术

资源系统（RS）	A6.2 互惠度	GS2.3 治理架构
RS1：部门（如，灌溉、林业、牧场、渔业）	A6.2.1 集体灌溉是否节约成本	GS2.3.1 水平治理架构
RS2：系统边界是否清晰	A6.2.2 集体灌溉是否引发纠纷	GS2.3.2 垂直治理架构
RS2.1 边界是否清晰	A6.2.3 成员间是否有帮工、换工	GS2.3.3 组织分工明确
RS2.2 边界是否固定	A6.3 责任共同体	GS2.3.3.1 管理层分工
RS3：资源系统范围	A6.3.1 工程投入单位边界是否清晰	GS2.3.3.2 技术层分工
RS3.1 系统覆盖范围	A6.3.1.1 是否以生产单位为边界	GS2.3.3.3 日常灌溉分工
RS3.2 系统承载能力	A6.3.1.2 是否以使用单位为边界	GS3：设施产权模式
RS4：人造设施生产力	A6.3.2 水费缴纳是否兼顾公平	GS3.1 产权归属明晰程度
RS4.1 引水设施生产力	A6.3.2.1 水价是否有区别	GS3.1.1 所有权
RS4.2 蓄水设施生产力	A6.3.2.2 是否基于参与度或贫困度	GS3.1.2 获取权
RS4.3 资源系统经济效益	A6.4 交换关系稳定度	GS3.1.3 退出权
RS5：资源相对稀缺性	A6.4.1 组织与成员间有无交换关系	GS3.1.4 管理权
	A6.4.2 组织内成员间有无交换关系	GS3.1.5 排他权

RS5.1 自然性波动是否明显	A6.4.3 组织成员对外有无交换关系	GS3.1.6 转让权
RS5.2 管理性波动是否明显	A7：灌溉共有知识	GS3.1.7 收益权
RS6：设施供给可预测性	A7.1 现代知识	GS3.2 产权转交规范程度
RS6.1 设施建设积极性	A7.1.1 水作为商品	GS4：运行机制
RS6.2 设施配套完善度	A7.1.2 组织管理	GS4.1 市场机制
RS6.3 使用者的反馈	A7.1.3 节水灌溉	GS4.1.1 是否预交水费
RS7：资源供给可预测性	A7.2 传统知识	GS4.1.2 是否私人承包
RS7.1 蓄水设施供给可预测性	A7.2.1 放水给水次序是否依据传统习俗（抓阄、地块分布）	GS4.1.3 是否承包私管护
RS7.2 引水设施供给可预测性	A7.2.2 放水管是否依据传统权威（"一把手"、乡绅）	GS4.2 合作机制
RS8：水源复杂性	A7.2.3 是否采用传统灌溉管理知识（如"三位一体"的稻作系统）	GS4.2.1 合作用水
RS8.1 水源是否单一		GS4.2.2 合作监督
RS8.2 灌溉成本是否有差异		GS4.2.3 合作维修
RS8.3 是否有其他经济功能	A8：灌溉资源的重要性	GS4.2.4 合作管护
RS9：位置分布	A8.1 经济依赖相关度	GS4.3 传统机制
	A8.1.1 供水及时性	GS4.3.1：领导与监督成员的社会声望
行动者（A）	A8.1.2 供水利用率	GS4.4 暴力强制
	A8.1.3 供水周期性	GS4.4.1：规则执行环节的暴力机制，
A1：用水户数量	A8.1.4 供水功能性	如收取水费、监督放水
A2：社会经济属性	A8.2 文化依赖相关度	GS5：运行规则
A2.1 种植结构异质性	A8.2.1 资源单位是否以村组为界	GS5.1 制度性规则
A2.2 经济分层程度	A8.2.2 资源单位有无非经济价值	GS5.1.1 制度性规则的执行度
A2.3 田地权属复杂性	A9：技术的可获取性	GS5.2 集体选择规则
A2.4 用水单位稳定性		GS5.2.1 集体选择规则的交流成本

A2.4.1 应急管理（抗洪、抗旱）行动单位
A3: 灌溉历史
A3.1 纠纷事件数量
A3.2 纠纷持续时间
A4: 位置
A4.1 是否以居住位置为单位
A4.2 用水户田块分布集中度
A5: 领导权
A5.1 是否有正式性领导权
A5.2 领导力特征
A5.2.1 领导人是否有企业家精神
A5.2.2 领导力是否具有社会声望
A5.2.3 领导力是否由体制内精英兼任
A5.3 领导力是否民主选举产生
A5.4 是否有对领导力的监督
A6: 共享社会规范、社会资本
A6.1 信任度
A6.1.1 是否组织过成功的集体行动
A6.1.2 是否定期公开组织内部信息
A6.1.3 农户是否参与工程修建
A6.1.4 农户是否参与工程决策
A6.1.5 农户是否参与组织监督
A6.1.5.1 参与经济激励
A6.1.5.2 是否鼓励妇女参与监督

A9.1 农户对技术的共有程度
A9.1.1 灌溉技术共有程度
A9.1.2 其他技术共有程度
A9.2 灌溉技术采用的同质性
A9.2.1 节水技术采用程度
A9.2.2 引水技术采用程度
A9.2.3 抽水技术采用程度

治理系统（GS）
GS1: 政府机构
GS1.1 是否保有所有权
GS1.2 是否属行政主导
GS1.3 是否有资金支持
GS1.4 是否参与工程修复
GS2: 非政府组织
GS2.1 能力建设
GS2.1.1 对相关行动主体进行培训
GS2.1.2 对农村妇女进行专门培训
GS2.1.3 对监督人员进行专门培训
GS2.2 组织统筹
GS2.2.1 是否组织全面管理灌溉
GS2.2.2 是否自行制定用水计划

GS6: 监督
GS6.1 非正式监督
GS6.2 正式监督
GS6.3 硬件监督
GS7: 制裁
GS7.1 制裁类型（逐级式、触发式）
GS7.1.1 制裁标准与当地条件的一致性
GS7.1.2 制裁可执行程度

资源单位（RU）
RU1: 资源单位流动性
RU2: 资源单位可取代性（与GS3.1和RS8.1的相关性）
RU3: 资源单位互动性
RU3.1 层级间互动性（GS2.3）
RU3.2 用水户间互动性
RU4: 资源单位经济价值
RU5: 资源单位数量
RU6: 资源单位特色
RU7: 资源时空分布的异质性（与RS6、A9和GS4.2的关系）

表 2　曾集镇灌溉系统 SESs 框架变量指标列表

资源系统（RS）镇域水库	治理系统（GS）
RS1：灌溉用水	GS1：政府机构
RS2：系统边界属行政边界	GS1.1 是否保有所有权：是
RS2.1 边界清晰：否	GS1.2 是否属行政主导：是
RS2.2 边界固定：是	GS1.3 是否有资金支持：不足
RS3：灌溉覆盖范围	GS1.4 是否参与工程修复：缺乏
RS3.1 灌溉范围：中（跨行政村）	GS2：正式用水组织：缺乏
RS3.2 灌溉面积：大（10 万亩以上，总灌溉面积 15.33 万亩）	GS3：：主要灌溉设施产权模式：混合
RS4：灌溉设施生产力下降	GS3.1 产权归属明晰程度：低
RS4.1 引水设施效率：低	GS3.1.1 所有权：堰塘归村集体，机井归个体
RS4.2 蓄水设施承载力：高	GS3.1.2 使用权：单户或联户
RS4.3 经济效益：低（亩均灌溉成本 146 元）	GS3.1.3 收益权：单户
RS5：水资源相对稀缺	GS3.2 产权转交规范程度：缺乏
RS5.1 自然性波动：不明显	GS3.3 资源系统是否发挥其他经济功能：否
RS5.2 管理性波动：明显	GS4：运行机制
RS6：系统动态可预测性	GS4.1 市场机制：缺乏
RS6.1 设施建设积极性：极低（破坏严重）	GS4.2 合作机制：衰退
RS6.2 设施配套程度：极低	GS4.2.1 合作用水：是
RS6.3 用水户的设施反馈：消极	GS4.2.2 合作监督：否
RS7：用水可预测性	GS4.2.3 合作维修：否
RS7.1 蓄水设施的供给可预测性：低	GS4.2.4 合作管护：否
RS7.2 引水设施的供给可预测性：低	GS4.3 传统机制：退出
RS8：水源特征：地下水为主	GS4.4 暴力强制：有
RS8.1 抽水与引水水源相结合	GS5：运行规则：缺乏
RS8.2 不同水源灌溉成本差距：高	GS6：监督：缺乏
RS9：位置分布：	GS6.1 非正式监督：缺乏
行政边界：引水设施退化，蓄水设施闲置	GS6.2 正式监督：缺乏
	GS6.3 硬件监督：缺乏
行动者（A）	GS7：制裁：缺乏
————————————	
A1：用水户数量：高（25643 人、24 个行政村）	

A2：用水户的社会经济属性	资源单位（RU）灌溉单位
A2.1 用水单位的社会资本：低	
A2.2 农户种植结构异质性：低	RU1：灌溉单位：原子化
A2.3 协会经济分层程度：低	灌溉的农户组合从以村民小组为单位走向以
A2.4 灌溉田地权属复杂：中	田块连片分布或者以个体农户为单位
A2.5 灌溉用水单位稳定性：极低	RU2：灌溉资源单位可取代性：中
A2.5.2 政府组织联合抗旱时例外，以行政	RU2.1 产权类型是否明晰：否
村为集体行动单位	RU2.2 灌溉方式是否复杂：否
A3：灌溉历史	RU3：互动性：低
A3.1 纠纷事件数量：上升	RU3.1 层级间互动性：低
A3.2 公地悲剧：加剧	RU3.1.1 组织层级间互动性：低
A3.3 水商品意识：中	RU3.1.2 组织与上级水管单位互动性：低
A3.3.1 灌溉经济成本：高（以抽水花费的	RU3.2 用水户间互动性：低
电费为主）	RU4：经济价值：高
A4：用水户位置	RU5：资源单位数量：低（平均每个用水小
单个用水小组由以村民小组为单位改为联户	组 10 户以下）
（10 户以下）或单户为单位，用水户的田块	以个体或合作灌溉为主，平均每个用水小组
上下、高低分布不均	在 10 户以下
A5：领导力	RU6：资源单位特色
A5.1 正式性领导力：缺乏	共有灌溉资源闲置，私有灌溉设施竞争，地
A5.2 领导人企业家精神：缺乏	下水资源过度抽取
A5.3 核心领导力类型：临时性、非正式	RU7：资源分布
A5.4 领导力产生程序：小规模推选	RU7.1 空间异质性：高
A5.5 对领导力的监督：缺乏	RU7.2 时间异质性：高
A6：共享社会规范、社会资本	
A6.1 信任度：极低	
A6.1.1 是否组织过成功的集体行动：否	
A6.1.2 是否组织内部信息公开：否	
A6.1.3 农户是否参与工程修建：否	
A6.1.4 农户是否参与工程开支决策：否	
A6.1.5 农户是否参与组织监督：否	
A6.1.5.1 参与是否有经济激励：否	
A6.1.5.2 是否鼓励妇女检举：否	
A6.2 互惠度：低	
A6.2.1 个体灌溉节约成本：否	

A6.2.2 个体灌溉引发纠纷：是	
A6.2.3 组内是否有帮工、换工：否	
A6.3 责任共同体：低	
A6.3.1 工程投入单位边界：清晰	
A6.3.1.1 生产单位为边界：否	
A6.3.1.2 使用单位为边界：是	
A6.3.2 水费缴纳兼顾公平：否	
A6.3.2.1 减免贫困户水费：否	
A6.4 交换关系：不稳定	
A6.4.1 组织与成员间交换关系：有，不稳定	
A6.4.2 组织内成员间交换关系：有，不稳定	
A6.4.3 组织成员对外交换关系：无	
A7：灌溉共有知识	
A7.1 现代知识：无	
A7.1.1 水商品作为共有知识：无	
A7.1.2 组织管理知识：无	
A7.1.3 节水灌溉知识：无	
A7.2 传统知识：有	
A7.2.1 放水次序是否依据传统习俗（抓阄、地块分布）：是	
A7.2.2 放水管理是否依据传统权威（"一把手"、乡绅）：否	
A7.2.3 是否采用传统灌溉知识（如"三位一体"的稻作系统）：否	
A8：灌溉资源的重要性：中	
A8.1 经济依赖相关度：高	
A8.1.1 供水及时性：低	
A8.1.2 供水利用率：低	
A8.1.3 供水周期性：长	
A8.1.4 供水功能性：单一	
A8.2 文化依赖相关度：低	
A8.2.1 资源单位是否以自然村为界：否	
A9：技术的可获取性：低	
A9.1 农户对技术共享程度：低	
A9.1.1 灌溉技术共享程度：低	
A9.1.2 其他技术共享程度（如养鱼）：低	
A9.2 灌溉技术采用同质性：中	

表 3　黄家寨灌溉系统 SESs 框架变量指标列表

资源系统（RS）黄家寨水库	治理系统（GS）
RS1：灌溉用水、渔业	GS1：政府机构
RS2：水库灌溉边界属行政边界	GS1.1 是否保有所有权：是
RS2.1 边界清晰：是	GS1.2 是否属行政主导：是
RS2.2 边界固定：否	GS1.3 是否有资金支持：不足
RS3：灌溉覆盖范围	GS1.4 是否参与工程修复：是
RS3.1 灌溉范围：中（跨行政村，12 个自然村）	GS2：正式用水组织：缺乏
RS3.2 灌溉面积：小（1 万亩以下，总灌溉面积 2571.5 亩）	GS3：主要灌溉设施产权模式：共有
RS4：灌溉设施生产力	GS3.1 产权归属明晰程度：高
RS4.1 引水设施效率：中	GS3.1.1 所有权：行政部门
RS4.2 蓄水设施承载力：中	GS3.1.2 使用权：用水村民
RS4.3 经济效益：中（亩均水费 15－20 元）	GS3.1.3 收益权：行者部门与个体承包户
RS5：水资源相对稀缺	GS3.2 产权转交规范程度：低
RS5.1 自然性波动：明显	GS3.3 资源系统是否发挥其他经济功能：是
RS5.2 管理性波动：明显	（鱼塘养殖）
RS6：系统动态可预测性	GS4：运行机制
RS6.1 设施建设积极性：低	GS4.1 市场机制：有
RS6.2 设施配套程度：中	GS4.1.1 是否预交水费：否
RS6.3 用水户的设施反馈：一般	GS4.1.2 是否私人承包：是
RS7：用水可预测性	GS4.1.3 是否承包管护：否
RS7.1 蓄水设施的供给可预测性：中	GS4.2 合作机制：有
RS7.2 引水设施的供给可预测性：中	GS4.2.1 合作用水：是
RS8：水源特征：地上水为主	GS4.2.2 合作监督：是
RS8.1 蓄水水源	GS4.2.3 合作维修：否
RS8.2 不同水源灌溉成本差距：高	GS4.2.4 合作管护：是
无需提灌站：亩均不足 1 元	GS4.3 传统机制：有
仅需抽水机：亩均 15－30 元不等，视田块远近所定	GS4.3.1：领导与监督成员的社会声望：高
仅需提灌站：亩均 15－20 元不等，视是否入股所定	GS4.4 暴力强制：有
	GS5：运行规则：有
提灌站＋抽水机：亩均 30－40 元不等，视田块远近与是否入股而定	GS5.1 组织层面的制度性规则：缺乏
	GS5.2 集体选择的规则：有（用水户参与灌溉规则的制定）

RS9：位置分布：

行政边界：水库位置属于政治选址

行动者（A）

A1：用水户数量：小（12 个村民组）

单个用水单位中农户数量从几户到十几户、几十户不等，联合灌溉的农户范围跨自然村、行政村

A2：用水户的社会经济属性

A2.1 用水单位的社会资本：高

A2.2 农户种植结构异质性：低

A2.3 协会经济分层程度：低

A2.4 灌溉田地权属复杂性：中

A2.5 灌溉用水单位稳定性：高

A3：灌溉历史

A3.1 纠纷事件数量：时有发生，3－5 起/年

A3.2 公地悲剧：有，提灌站遭偷盗

A3.3 水商品意识：低（灌溉成本以抽水、提水的设施电费为主）

A3.3.1 灌溉经济成本：低

A4：用水户位置

A4.1 以田块位置为单位：单个用水小组出现跨村组、行政村的联合形式

A4.2 用水户田块分布不均：上下、高低不均

A5：领导权

A5.1 正式性领导权：缺乏

A5.2 领导人企业家精神：无

A5.3 核心领导力类型：体制内精英兼任

A5.4 领导力产生程度：乡镇主管任命

A5.5 对领导力的监督：缺乏

A5.5.1 社会声望：是

A5.5.2 民主选举：否

GS5.2.1 集体选择规则的交流成本：低（由行政部门或组内处于劣势的用水户负担）

GS6：监督：有

GS6.1 非正式监督：有

GS6.2 正式监督：无

GS6.3 硬件监督：有

GS7：制裁：有

GS7.1 逐级式制裁：无

GS7.2 触发式制裁：有（集体选择的制裁标准）

GS7.2.1 制裁标准与当地条件的一致性：高（搭便车者被逐出一下轮联合放水）

GS7.2.2 制裁可执行程度：高

资源单位（RU）灌溉单位

RU1：灌溉单位：流动性较高

灌溉的农户组合因时因地因事而异（主要受灌溉方式、成本、田块分布、家庭劳动力、上次冲突调解情况等自然地理经济社会诸多要素影响）

RU2：灌溉资源单位可取代性：低

RU2.1 产权类型是否明晰：否

RU2.2 灌溉方式是否复杂：是

RU3：互动性：中

RU3.1 层级间互动性：低

RU3.1.1 组织层级间互动性：低

RU3.1.2 组织与上级水管单位互动性：低

RU3.2 用水户间互动性：高

RU4：经济价值：中

RU5：资源单位数量：小（平均每个用水小组 10 户左右）

RU6：资源单位特色

兼备灌溉与养殖功能，优先保障灌溉功能，偶有发生冲突

A6：共享社会规范、社会资本	RU7：资源时空分布
A6.1 信任度：低	RU7.1 空间异质性：高
A6.1.1 是否组织过成功的集体行动：是	RU7.2 时间同质性：高
A6.1.2 是否组织内部信息公开：是	
A6.1.3 农户是否参与工程修建：否	
A6.1.4 农户是否参与工程开支决策：否	
A6.1.5 农户是否参与组织监督：是	
A6.1.5.1 参与是否有经济激励：是	
A6.1.5.2 是否鼓励妇女检举：是	
A6.2 互惠度：高	
A6.2.1 集体灌溉节约成本：是	
A6.2.2 集体灌溉引发纠纷：否	
A6.2.3 组内是否有帮工、换工：是	
A6.3 责任共同体：高	
A6.3.1 工程投入单位边界：不清晰	
A6.3.2 水费缴纳兼顾公平：是	
A6.3.2.1 水价是否有区别：是	
A6.3.2.2 水价区别是否基于参与度或贫困度：是	
A6.4 交换关系：稳定	
A6.4.1 组织与成员间交换关系：有	
A6.4.2 组织内成员间交换关系：无	
A6.4.3 组织成员对外交换关系：无	
A7：灌溉共有知识	
A7.1 现代知识：有	
A7.1.1 水商品作为共有知识：有	
A7.1.2 组织管理知识：有	
A7.1.3 节水灌溉知识：有	
A7.2 传统知识：是	
A7.2.1 放水次序是否依据传统习俗（抓阄、地块分布）：是	
A7.2.2 放水管理是否依据传统权威（"一把手"、乡绅）：否	
A7.2.3 是否采用传统灌溉知识（如"三位一体"的稻作系统）：是	

A8：灌溉资源的重要性：高 A8.1 经济依赖相关度：高 A8.1.1 供水及时性：高 A8.1.2 供水利用率：中 A8.1.3 供水周期性：短 A8.1.4 供水功能性：多元 A8.2 文化依赖相关度：高 A8.2.1 资源单位是否以自然村为界：否 A8.2.2 资源单位的非经济价值：高 A9：技术的可获取性：高 A9.1 农户对技术共有程度：中 A9.1.1 灌溉技术共有程度：高 A9.1.2 其他技术共有程度（如养鱼）：低 A9.2 灌溉技术采用同质性：高 A9.2.1 节水技术采用程度：高 A9.2.2 引水技术采用程度：高 A9.2.3 抽取地下水技术采用程度：低	
互动（I）	结果（O）
I1 不同使用者收获程度 I2 使用者间的信息共享 I3 决策过程 I4 冲突调解 I5 投资行动 I6 游说行动	O1 社会绩效（效率、公平、问责） O2 生态绩效（过度获取、可靠性、多样性） O3 对其他 SES 系统的外部性
其他生态系统（ECO）	
ECO1 气候条件；ECO2 人口模式 ECO3 灌溉社会生态系统的其他流入与流出	

表 4　三干渠灌溉系统 SESs 框架变量指标列表

资源系统（RS）东风灌区	治理系统（GS）三干渠用水协会
RS1：灌溉用水、渔业	GS1：政府机构
RS2：协会边界属水文边界	GS1.1 是否保有所有权：是
RS2.1 边界清晰：是	GS1.2 是否属行政主导：否
RS2.2 边界固定：否	GS1.3 是否有资金支持：充足
RS3：灌溉覆盖范围	GS1.4 是否参与工程修复：是
RS3.1 灌溉范围：大（跨乡镇）	GS2：正式用水组织：用水户协会组织
RS3.2 灌溉面积：中（5 万亩以下，总灌溉面积 3 万亩）	GS2.1 能力建设：强
	GS2.1.1 对相关行动主体进行培训：是
RS4：灌溉设施生产力	GS2.1.2 对农村妇女进行专门培训：是
RS4.1 引水设施效率：高（渠系水利用系数提高到 0.9）	GS2.1.3 对工程监督员进行专门培训：是
	GS2.2 组织统筹：强
RS4.2 蓄水设施承载力：高	GS2.2.1 是否组织全面管理灌溉：是
RS4.3 经济效益：高（亩均水费 11 元）	GS2.2.2 是否组织自行制定用水管理计划：是
RS5：水资源相对稀缺	
RS5.1 自然性波动：明显	GS2.3 治理架构是否完善：是
RS5.2 管理性波动：不明显	GS2.3.1 水平治理架构：有，用水小组，"一把揪"管水
RS6：系统动态可预测性	
RS6.1 设施建设积极性：高	GS2.3.2 垂直治理架构：有，协会与供水单位
RS6.2 设施配套程度：高	
RS6.3 用水户的设施反馈：积极	GS2.4 组织分工是否明确：是
RS7：用水可预测性	GS2.4.1 组织管理层分工明确：是（主席负责全面管理、人事任免权；副主席负责工程管理与建设）
RS7.1 蓄水设施的供给可预测性：中	
RS7.2 引水设施的供给可预测性：高	
RS8：水源特征：地上水为主	GS2.4.2 组织技术层分工明确：是（外聘财务与技术指导）
RS8.1 蓄水与引水水源结合	
RS8.2 不同水源灌溉成本差距：低	GS2.4.3 日常灌溉分工明确：是（行政村为单位，负责各自村庄的渠道维修、灌溉管理；自然村为单位，成立正式用水小组，小组长受协会会长监督）
RS9：位置分布：	
水文边界：引水设施改善，蓄水设施"长藤结瓜"	
	GS3：主要灌溉设施产权模式：共有
行动者（A）	GS3.1 产权归属明晰程度：高
	GS3.1.1 所有权：行政部门
A1：用水户数量：中（3543 户、39 个用水小组）	

A2：用水户的社会经济属性	GS3.1.2 使用权：协会
A2.1 用水单位的社会资本：高	GS3.1.3 收益权：协会
A2.2 农户种植结构异质性：中	GS3.2 产权转交规范程度：中（使用权转交给协会但缺乏正式文件）
A2.3 协会经济分层程度：中	
A2.4 灌溉田地权属复杂性：中	GS3.3 资源系统是否发挥其他经济功能：是（鱼塘养殖）
A2.5 灌溉用水单位稳定性：高	
A2.5.1 灌溉应急管理（抗洪、抗旱）以协会为集体行动单位	GS4：运行机制
	GS4.1 市场机制：有
A3：灌溉历史	GS4.1.1 是否预交水费：是（以村组为单位，多退少补）
A3.1 纠纷事件数量：下降	
A3.2 公地悲剧：杜绝	GS4.1.2 是否私人承包：是（鼓励私人承包养鱼，向协会买水）
A3.3 水商品意识：高	
A3.3.1 灌溉经济成本：低	GS4.1.3 是否承包管护：是（斗农渠渠道管护，分段承包给用水户）
A4：用水户位置	
A4.1 以居住位置为单位：单个用水小组以自然村为单位	GS4.2 合作机制：有
	GS4.2.1 合作用水：是
A4.2 用水户田块分布不均：上下、高低不均	GS4.2.2 合作监督：是
	GS4.2.3 合作维修：是
A5：领导力	GS4.2.4 合作管护：是（干支渠落实 5 名专门管护人员，斗农渠分包到户）
A5.1 正式性领导力：有	
A5.2 领导人企业家精神：有	GS4.3 传统机制：有
A5.3 核心领导力类型：体制内精英兼任	GS4.3.1：领导与监督成员的社会声望：高
A5.4 领导力产生程序：民主选举	GS4.4 暴力强制：有
A5.5 对领导力的监督：有	GS5：运行规则：有
A5.5.1 社会声望：是	GS5.1 组织层面的制度性规则：有
A5.5.2 民主选举：是，差额民主选举	GS5.1.1 制度性规则的执行度：高
A6：共享社会规范、社会资本	GS5.2 集体选择的规则：有（用水户参与运行规则的制定）
A6.1 信任度：高	
A6.1.1 是否组织过成功的集体行动：是	GS5.2.1 集体选择规则的交流成本：低（由协会负担）
A6.1.2 是否组织内部信息公开：是	
A6.1.3 农户是否参与工程修建：是	GS6：监督：有
A6.1.4 农户是否参与工程开支决策：是	GS6.1 非正式监督：有
A6.1.5 农户是否参与组织监督：是	GS6.2 正式监督：有
A6.1.5.1 参与是否有经济激励：是	GS6.3 硬件监督：有
A6.1.5.2 是否鼓励妇女检举：是	GS7：制裁：有

A6.2 互惠度：高	GS7.1 逐级式制裁：有（按照协会管理层，分级制裁）
A6.2.1 集体灌溉节约成本：是	GS7.2 触发式制裁：有（制裁的标准由协会自行制定，按照水法则惩罚力度太小）
A6.2.2 集体灌溉引发纠纷：否	GS7.2.1 制裁标准与当地条件的一致性：高
A6.2.3 组内是否有帮工、换工：是	GS7.2.2 制裁可执行程度：高
A6.3 责任共同体：高	
A6.3.1 工程投入单位边界：清晰	资源单位（RU）灌溉单位
A6.3.1.1 生产单位为边界：是	
A6.3.1.2 使用单位为边界：否	RU1：灌溉单位：流动性高
A6.3.2 水费缴纳兼顾公平：是	RU2：灌溉资源单位可取代性：低
A6.3.2.1 水价是否有区别：是	RU2.1 产权类型是否明晰：是（共有产权）
A6.3.2.2 水价区别是否基于参与度或贫困度：是	RU2.2 灌溉方式是否复杂：否
A6.4 交换关系：稳定	RU3：互动性：高
A6.4.1 组织与成员间交换关系：有	RU3.1 层级间互动性：高
A6.4.2 组织内成员间交换关系：无	RU3.1.1 协会层级间互动性：高
A6.4.3 组织成员对外交换关系：无	RU3.1.2 协会与上级水管单位互动性：高
A7：灌溉共有知识	RU3.2 用水户间互动性：高
A7.1 现代知识：有	RU4：经济价值：高
A7.1.1 水商品作为共有知识：有	RU5：资源单位数量：中（平均每个用水小组 30 户左右）
A7.1.2 组织管理知识：有	RU6：资源单位特色
A7.1.3 节水灌溉知识：有	兼备灌溉与养殖功能，优先保障灌溉功能
A7.2 传统知识：无	RU7：资源时空分布
A7.2.1 放水次序是否依据传统习俗（抓阄、地块分布）：否	RU7.1 空间异质性：低
A7.2.2 放水管理是否依据传统权威（"一把手"、乡绅）：否	RU7.1.1 灌溉设施有助于减弱田块分布带来的高空间异质性：是
A7.2.3 是否采用传统灌溉知识（如"三位一体"的稻作系统）：否	RU7.2 时间同质性：低
A8：灌溉资源的重要性：高	RU7.2.1 放水管理有助于减弱作物需求带来的高时间同质性：是
A8.1 经济依赖相关度：高	
A8.1.1 供水及时性：高	
A8.1.2 供水利用率：高	
A8.1.3 供水周期性：短	
A8.1.4 供水功能性：多元	
A8.2 文化依赖相关度：高	

A8.2.1 资源单位是否以自然村为界：是 A8.2.2 资源单位的非经济价值：高 A9：技术的可获取性：高 A9.1 农户对技术共有程度：高 A9.1.1 灌溉技术共有程度：高 A9.1.2 其他技术共有程度（如养鱼）：高 A9.2 灌溉技术采用同质性：高 A9.2.1 节水技术采用程度：高 A9.2.2 引水技术采用程度：高 A9.2.3 抽取地下水技术采用程度：低	

表5 小样本协会案例清单一览表

编号	协会编码	成立时间	成立时是否项目协会	所辖行政村	灌溉面积/是否扩大	覆盖农户/是否扩大	供水水源[1]	供水状况[2]	用水纠纷是否减少	年亩均用水量是否减少	水费收缴[4]	协会主席是否选举[5]	协会主席身份[6]	用水小组[7]	协会规则[8]	作物种植[9]	协会盈亏[10]	供水充足性是否持续提升	灌溉成本节约与否	设施状况是否持续改善	产权归属是否明晰	是否有可执行的正式规则	领导力的一致性	用水户间是否有信任与互惠	用水户是否参与系统维护	协会与村两委或合作组织是否良好互动
1	SGQ	2000.8	1	9	1	1	1	1	1	1	3	1	4	2	3	1	3	1	1	1	1	1	1	1	1	1
2	ZDQ	2007.5	1	6	0	0	1	2	1	1	2	1	1	1	2	1	2	0	1	0	0	1	1	1	0	0
3	BYZ	2006.12	1	13	0	0	2	0	0	2	1	4	1	1	2	0	0	0	0	0	0	0	0	0	0	0
4	JH	2005.5	1	1	0	0	1	1	1	1	2	1	1	3	2	3	1	1	1	1	1	1	1	1	1	1
5	EQ	2006.3	1	1	0	0	1	2	1	1	3	1	4	1	3	2	3	1	1	1	1	1	1	1	1	1
6	YKKTM	2007.4	1	1	0	0	1	2	1	1	3	1	1	1	3	2	3	1	1	1	1	1	1	1	1	1
7	QN	2007.5	1	1	1	1	1	1	1	1	3	1	1	3	2	3	0	0	0	1	1	1	1	1	1	1
8	XL	2004	1	1	1	0	1	1	1	1	2	1	1	3	2	3	1	1	1	1	1	0	0	0	0	0
9	GZZ	2004	1	1	1	0	1	2	1	1	3	1	1	3	2	3	1	1	1	1	1	1	1	1	1	1
10	KB	2007.4	1	1	0	0	1	2	1	1	2	1	1	1	2	2	3	0	1	1	1	1	0	0	0	0
11	JT	1998.1	0	4	1	1	1	1	1	1	3	1	1	3	2	3	1	1	1	1	1	1	1	1	1	1
12	CT	1995.12	1	3	1	0	1	1	1	1	2	1	1	3	2	3	1	1	1	1	1	1	1	1	1	1
13	LP	1998.9	1	1	0	0	1	1	1	1	2	1	3	1	2	1	3	2	0	1	1	0	1	0	0	0
14	ZP	2008.5	1	1	0	0	1	1	1	1	2	1	3	1	2	2	3	2	0	0	1	1	1	1	1	1
15	RMQ	1999.12	1	1	0	1	1	1	1	1	2	1	1	3	2	3	0	1	1	1	1	1	1	1	1	1
16	HSC	2001	1	3	1	1	1	1	1	1	2	1	1	3	2	3	1	1	1	1	0	0	1	0	0	0
17	QLG	2003.1	1	1	0	0	1	2	1	1	2	1	1	1	2	2	3	0	0	1	1	1	1	0	0	0
18	JQ	2003.4	1	5	0	0	1	1	1	1	2	1	1	3	2	2	3	0	1	1	1	1	1	1	1	1
19	LPSL	1871	0	4	0	0	1	1	1	1	2	1	4	2	3	1	1	1	1	1	1	1	1	1	1	1
20	ZH	2003	1	5	0	0	3	2	1	1	2	1	1	2	2	2	1	1	1	1	1	1	1	1	1	1
21	ZPGQ	2009.9	0	12	1	1	1	2	1	1	2	1	1	1	2	2	2	0	0	0	0	0	0	0	0	0
22	YS	2007.4	1	3	0	0	1	2	1	1	2	0	1	1	2	2	2	0	1	0	0	0	0	1	1	1
23	LT	2007.1	1	1	0	0	1	1	1	1	2	1	1	1	2	2	2	0	0	0	0	0	1	1	1	1
24	NW	1999.7	0	1	0	0	1	1	1	1	2	1	1	1	2	2	2	0	0	0	0	0	0	0	0	0
25	CL	2001	1	5	0	0	1	1	1	1	2	0	4	2	2	2	2	0	0	0	0	1	0	1	1	1
26	NL	1998.8	1	11	0	0	1	2	1	1	2	1	2	3	2	3	1	0	0	0	0	0	0	1	1	1
27	CJD	2003	1	1	0	0	1	1	1	1	2	1	1	1	2	2	2	0	1	1	1	0	0	0	0	0
28	JJ	1997	0	308	1	1	2	2	1	1	3	0	4	1	2	3	2	1	1	1	1	1	1	0	0	0
29	NQ	2003	0	7	1	1	1	2	1	1	2	1	1	1	1	1	2	2	0	0	0	0	0	0	0	0
30	GZ	2008	0	1	0	0	1	1	1	1	2	0	1	1	2	2	2	0	0	0	0	0	0	0	1	0